Deleuze and Guattari for Architects

건축가를 위한 들뢰즈와 가타리

건축과 철학 / 건축가를 위한 사상가 Thinkers for Architects

건축가는 디자인 영감을 얻기 위하여 배움 이상의 무엇인가를 얻기 위하여 혹은 실제 유용한 비판적 체계를 연구하는데 철학자와 이론가들에 주목해 왔다. 이 독창적인 시리즈는 건축에 관하여 저술하였거나 건축 디자이너를 위한 통찰력을 제시한 작업들을 개진한 중요 사상가들에 대하여 매우 지적이고 분명한 안내와 지침들을 제공한다.

건축가를 위한 들뢰즈와 가타리 Deleuze and Guattari for Architects

Andrew Ballantyne 지음. 장정제, 송규만 옮김

건축가를 위한 하이데거 Heidegger for Architects

Adam Sharr 지음. 장정제, 송규만 옮김

건축가를 위한 이리가라이 Irigaray for Architects

Peg Rawes 지음. 국현아, 박보라, 장정제 옮김

건축가를 위한 바바 Homi K. Bhabha

Pelipe Hernández 지음. 이종건 옮김

Deleuze and Guattari for Architects

건축가를 위한 들뢰즈와 가타리

Andrew Ballantyne 지음

장정제, 송규만 옮김

Spacetime

역자 서문

건축을 전공하는 사람들은 물론 스스로에 대하여 더 깊은 이해를 얻고자 하는 사람들은 역사와 철학으로 눈을 돌리게 된다. 그것은 근본적인 질문에 대한 해답이고 인간이 세계와 상호작용하여 남긴 기록이자 자기 성찰의 과정이기 때문이다. 그러므로 우리는 철학하고 역사에 반성하는 것이다. 새로운 시야의 지평을 요구하는 것은 근본적으로 이해의 방식과 폭을 변화시키는 것이다. 그러므로 기존의 틀을 벗어나고자 하며 새로운 학문에 도전하는 것이다.

이 책은 철학적 세계가 갖는 사유의 방식에 접근하는 하나의 끈이 될 것이다. 철학자와 그들의 사유가 갖는 의미들을 이 작은 책으로 이해할 수는 없으나 그 첫 단초가 되기를 기대한다. 그러한 면에서 들뢰즈는 그 나름의 폭넓은 이해 가능성과 자유로운 사고를 제시한 철학자로서 이 시리즈를 시작하는 역할에 걸맞게 느껴진다.

책을 옮기면서 나름대로 여러 책들을 참조하였다. 어휘와 용어의 통일과 기존의 철학적 틀을 벗어나지 않으려고 했으나 모자람이 있을 것이다. 특정한 경우에 사전적인 번역을 피하고자 했다. 예를 들어, 'common sense'를 필요에 따라서 '상식'이 아닌 '공통의 감각'으로 번역한 경우가 그렇다. 일반적인 이해에서는 조금 낯선 것일 수도 있겠으나 내용의 철학적 흐름에 맞추고자 했다. 이미 번역된 참고문헌의 경우에는 한글판의 제목을 함께 제시하였으나 그렇지 않은 경우 영문 제목만을 제시했다. 영어 혹은 불어 모든 경우, 같은 어휘라도 다른 의미로 쓰인 경우 그리고 그 어휘가 들뢰즈와 가타리 세계의 중요한 경우는 원어를 함께 기록하였다. plane, landscape, folding, pli 등이 그렇다. 그 밖에 인명, 지명, 서명 등 고유명사는 의레 그랬듯이 원어를 동시에 기록하였다.

책의 번역을 구체화하는데 먼저 염두에 둔 것은 이 책의 취지가 들뢰즈와 가타리의 세계로 접근하기 위한 소개이므로 이해에 손쉬운 방식을 여러 문제들의 해답으로 선택했다. 언제나 글을 이해하고 번역하고 새로운 글을 쓴다는 것은 스스로 배움을 함께 하는 것이다. 그리고 글을 읽는다는 것도 그와 다르지 않다는 생각이다. 그리고 이 글과 독서의 과정도 우리 모두의 역사가 될 것이고 철학의 과정이 될 것이다. 들뢰즈의 사유를 빌어 새로운 가능성의 주름들을 끌어안게 될 것이다. 그리고 여러분도 새로운 그림을 그릴 수 있을 것이다.

이 책의 마무리에 함께 애써주신 송규만 선생님께 감사드린다. 마지막으로, 글을 쓴다는 것은 언제나 배움의 과정이고 그렇기에 항상 완성되지 않는 여정의 발걸음이라는 것을 깨닫는다. 그 길을 묵묵히 지켜봐주신 부모님, 아내, 친구들, 내가 아는 좋은 사람들에게 다시 한 번 감사드린다.

2010. 2. 장 정 제.

차 례

서문

건축가는 자주 디자인 아이디어를 얻기 위하여 혹은 실제 작업에 유용한 비평적 체계를 연구하는데 철학이나 이론의 대표적 사상가들에 주목한다. 건축가들과 학생들은 사상가의 저작들을 탐독하는데 부단히 노력할 수는 있다. 그러나 그들은 원저(圓低)의 텍스트에 접근하는 것은 조금 머뭇거리게 된다. 원저의 철학적 텍스트들이 갖는 문맥을 완전히 이해할 수 없을뿐더러 기존의 지침서들은 거의 건축적 소재에 관하여 상세하게 접근하지 않았다. 이 독창적인 시리즈는 건축에 관한 글을 남긴 중요한 사상가들을 분명하고 명료하며 정확히 소개한다. 각 권은 그 사상자가 건축가를 위하여 무엇을 제시하고자 하는가를 개괄한다. 사상가들이 펼친 작업의 본체 내에서 건축적 사고가 어떠한 위치에 있는가를 결정하고 중요한 저작과 에세이를 소개할 것이다. 그리고 그들의 철학적 언어를 해석하고 더 많은 지식을 얻는 유용한 참고를 제공하고자 한다. 만약 당신이 건축에 관한 철학적이거나 이론적인 저술이 매우 난해하다는 것을 발견한다면 혹은 어디서부터 시작할지를 전혀 모르겠다면, 이 시리즈가 그 답이 될 것이다.

건축가를 위한 사상가 시리즈의 책들은 건축 분야로부터 우선 시작되었다. 책들은 건축적인 방식으로 이해를 돕고자 하는 것이며 사상가들을 건축과 관련된 독자들에게 소개하는 것을 목적으로 한다. 각 사상가들은 매우 독창적이고 뛰어난 사상적 기질을 지니고 있으며 바로 그러한 시각에 초점을 맞추고 그들의 개성적인 측면으로부터 내용을 풀어간다. 설명하고자 하는 사상가들은 놀라운 저술가이기도 하다. 짧은 소개정도로는 단지 그들 저작의 한 조각을 언급하는데 그칠 것이다. 이 시리즈의 저자들은 건축가이거나 혹은 건축 비평가로서 사상가의 중요 저술들을 선택하는 데 포커스를 맞추고 있다. 그러한 그들의 저술들 가운데 건축 분야에 종사하는 번역자와 디자이너에게 가장 관계가 깊은 책이 무엇인지를 판단 선택하는 것이다. 불가피하게 많은 다른 저술들이 제외되고 선택되지 못했다. 선택된 저작들은 건축가들에게 특정한 사상가에 관하여 이해할 수 있는 그리고 우리가 참고하고자 하는 가장 중요한 언어이자 첫 번째 논점이 될 것이다. 선택된 저작들은 여러분을 더 큰 이해와 탐구의 세계로 고무시켜줄 것이다. 또 특정한 사상가의 원저를 깊이 연구하는데 훌륭한 동기를 제공할 것이다.

시리즈에서 우선 시작하는 세 권의 책은 들뢰즈 Gilles Deleuze와 가타리 Felix Guattari, 하이데거 Martin Heidegger, 이리가라이 Luce Irigaray에 관한 책이다. 오늘날 문화전반에 영향을 미친 친숙한 인물들로서 이들의 저작들은 이미 건축 디자이너와 비평가들에 중요하고 특별한 영향을 미쳤다. 이 사상가들은 건축가들에게 전해 줄 무언가 가치 있는 이야기를 가지고 있다. 이 시리즈에서 이들을 소개하는 것이 우리시대의 사상가들이 가지고 있는 풍부한 다양성을 제공할 수 있고 시간과 지평을 넓혀 주기를 기대한다.

아담 샤르 Adam Sharr는 카디프 대학의 웰시 건축학교 The Welsh School of Architecture, Cardiff University의 전임강사이며 아담 샤르 건축 Adam Sharr Architects의 대표이다. 그는 「*하이데거의 오두막* Heidegger's Hut」 (MIT Press, 2006)과 「*건축가를 위한 하이데거* Heidegger for Architects」 (Routledge, 2007)의 저자이다. 그리고 「*건축에 있어서 독창적 문제들* Original Matters in Architecture」 (Routledge, 2006)의 초기 공동 편집자이며 Architectural Research Quarterly (Cambridge University Press)의 편집 위원이다.

도판 목록

감사의 글

내게 용기를 북돋아 준 많은 분들께 감사한다. 그들은 내가 이 글을 쓰는 일에 몰두하는 동안 끊임없이 자극하고 인내심을 잃지 않고 기다려주었다. 나는 뉴캐슬 대학 Newcastle University의 텍토닉 컬쳐 연구소 Tectonic Cultures Research Group 연구원들에게도 감사한다. 앱터 Emily Apter, 아놀드 Dana Arnold, 베슨 Steve Basson, 디멘트베르그 Ed Dimendberg, 힐리어 Jean Hillier, 리치 Neil Leach, 로우린 Gerard Loughlin, 마닝 Erin Manning, 매쓰미 Brian Massumi, 노만 Sally Jane Norman, 리꼬 John Paul Ricco, 안네 리크베르트 Anne Rykwert, 조셉 리크베르트 Joseph Rykwert, 샤르 Adam Sharr, 스미스 Chris Smith 그리고 비들러 Anthony Vidler에게도 감사한다. Peter Klein은 1982년 런던에서 내게 들뢰즈와 가타리의 저작을 소개해 주었다. 우리는 함께 서점에 있었고 그곳에 「*앙띠 오이디푸스* Anti-Oedipus」의 팔다 남은 첫 번째 미국 출판본이 더미로 쌓여 있었다. 그는 그 책을 내게 불쑥 내밀었고 나는 그 곳에서 그 책을 처음 발견하고 무척이나 놀랐다. 당시 많이 할인된 가격으로 판매 중이었음에도 그것은 충동적으로 구매하기에는 비싸게 여겨졌다.

나는 "이 책이 훌륭한 책이야?" 라고 물었다.
"무어라고 말할 수 있을까?. . . 이 책은 나의 삶을 바꿔주었어." 그는 이렇게 말했다.

Andrew Ballantyne

Asquins

1 January 2007

chapter 1

누구인가 ?

더 이상 우리 자신이 아닌 . . .

들뢰즈와 가타리는 여러 권의 책을 함께 작업하였고 각자 독립적으로 그보다 많은 책을 남겼다. 그들의 가장 잘 알려진 작업은 두 개의 책을 통하여 개진되었는데 그 제목은 「*자본주의와 정신분열증. 앙띠 오이디푸스* Capitalism and Schizophrenia: Anti-Oedipus」(1972)와 「*천개의 고원* A Thousand Plateaus」(1980)이다. 들뢰즈는 철학자의 길을 가타리는 정신병리학자이자 정치적 활동가로서의 길을 갔다. 그들이 공동작업을 시작했을 때 그들의 각자 개별적인 의견들은 하나로 종합될 수 있었다. 그리고 또 다른 하나의 새로운 사고를 융화시킨 것으로 나타났다. 후에 그들은 새로운 인격 persona을 지닌 것처럼 새로운 기록들을 생산해 냈다. 특별한 시각에 견주어 논제가 어떻게 드러날 수 있는 인상을 심어주기 위하여 새로운 성향은 일시적으로 차용된 것이었다. 그러나 이러한 시각들은 이상하리만치 특이한 것으로 여겨질 수 있었다. 그것은 매우 미분적인 시각이며 영화광적인 시각이고 마술사적 시각이기도 했다.

'우리 둘은 「*앙띠 오이디푸스* Anti-Oedipus」를 함께 썼다. 우리는 각자 여러 시각을 가지고 있었기 때문에 이미 많은 군중의 시각들이 존재했다.' (Deleuze and Guattari, 1980, 3) 이곳에서 개인적인 아이덴티티 identity는 끌어올려지고 내쳐지고 재구성되었다. 그래서 사실상 그들이 진정으로 누구인가, 이러한 미끄러지는 속성들이지 않은가 ? 어떻게 우리는 그들이 누구라고 이야기 할 수 있는가 ? 더 중요한 것은, 왜 우리는 그들이 누구인지 알고 싶어하는가 ? 만약, 어떠한 시각에서 우리가 그들이 누구인가를 안다고 느낀다면, 그렇다면, 우리가 안다는 것 자체는 무엇이 될 것인가 ? 그들이 이야기하는 것에 따르면, 그들의 목적은 우리가 스스로 나 자신 I에 관하여 더 이상 이야기 할 수 없는 곳까지 도달하고자 하는 것이 아니라 나 자신 I에 관하여 이야기 하는 것이 더 이상 중요하지 않는 바로 그 지점에 도달하는 것이라고 했다. 바로 그 문제 '누구인가 who ?'는 단순이 생성되는 것이 아니다.

만약, 어떠한 시각에서 우리가 그들이 누구인가를 안다고 느낀다면, 그렇다면, 우리가 안다는 것 자체는 무엇이 될 것인가 ?

그럼에도 불구하고 일시적으로 그들은 관습과 다르게 그들의 이름을 남기고 있었다. 단지 관습을 벗어나려는 의도에서. 그러나 그러자마자 그들은 다음과 같이 급작스럽게 결론을 내렸다. '우리는 더 이상 우리 자신이 아니다.' 그들이 누구라고 말하든지간에, 그것은 그들이 아닌 그 무엇이었다. 여기에 「*천개의 고원*」의 서문에 있는 짧고 간결하지만 확고한 도전. 우리의 일반적인 사고의 관습들에 대한 도전이 존재한다. 그것은 두 가지의 중요한 근원으로부터 유추된 것이다. 이야기하자면 가타리의 정신병리학적 환자들과의 작업과 들뢰즈의 철학적 기질에서 시작된 것이다. 그것은 일반적으로 우리 스스로 결론으로 이끄는 논리적 사고로부터 벗어나게 하고 일반적 관념의(상식적인) 예상들을 뛰어넘어 엄격한 논리를 찾고자 하는 것이었다. 종종 우리의 삶에서 일반적 관념에는 주어진 역할이 존재한다. 그리고 들뢰즈와 가타리는 그들 자신도 일반적인 관념들을 사용하고 있다는 것을 인지하고 있었다. 예를 들어 그들 자신의 이름으로 그들의 책을 서명하는 경우에 그러했다. '모든 사람들이 그 말은 단지 대화의 방법일뿐이라는 것을 알고 있을 때, 태양은 떠오른다고 다른 사람들처럼 말하는 것은 괜찮다.' (Deleuze and Guattari, 1980, 3).

'모든 사람들이 그 말은 단지 대화의 방법일뿐이라는 것을 알고 있을 때, 태양은 떠오른다고 다른 사람들처럼 말하는 것은 괜찮다.'

물론 태양은 떠오른다. 우리 눈으로 우리는 그것이 일어나는 것을 확인할 수 있다. 만약 우리가 새벽에 동쪽 먼 지평선을 바라볼 수 있는 어떤 장소에만 갈 수 있다면 말이다. 그렇지만 우리는 지구가 태양을 공전한다는 것을 알고 있다. 좀더 세심한 시각에서 보자면 일출은 지구에 귀착된 묘사이고 저급의 상식적인 표현일 뿐이다. 그러나 그것은 가장 유용한 표현의 방식이다. 일반적인 사회적 모임에서 다른 방식의 표현에 집착하는 것은 무척이나 현학적인 것으로 들릴 것이다. 우리가 지구호 우주선 Spaceship Earth을 타고 지구가 자전하면서 태양의 모습을 보게 된다는 것을 확인함과 동시에, 정지상태의 태양을 보는 바로 그 순간을 상상하면서, 그 순간의 우리 자신을 느껴보는 것도 매우 흥분되는 일일 것이다. 그러나 역시 그것도 사적인 상상력의 과정으로서만 그럴듯한 것이다. 만약 내가 버스정류장에 줄을 서서 기다리는 동안 생각이 떠오른다 해도, 그러자마자 내가 옆서 서 있는 사람과 공유하고자 하는 생각은 들지 않을 것이다. 나는 일출에 관한 상식적인 수준의 소견을 피력하고자 할 것이다. 어떤 낯선 사람이 내게 돌아서서 지구호 우주선 Spaceship Earth에 관하여 이야기하기 시작한다면, 내 생각에 나 자신은 매우 불안스럽게 느끼며 반응하기 시작할 것이다.

인격을 규정하는 문제들

만약 들뢰즈와 가타리가 누구였는가를 설명하고자 한다면, 나는 그들이 작업한 바와 같이 특성을 규정하는 사태를 생각하는 것으로부터 시작해야 한다. 그리고 그들이 독자들이 생각하는 바와 같이, 그들이 작업했던 바는 사태들을 개념화하는 새로운 방식을 제공하고자 하는 것이다. 그들이 누구였는가를 이야기하는 또 다른 방식의 접근도 있다. 존 베런트

John Berendt는 그의 소설 「*Midnight in the Garden of Good and Evil*」을 조지아 주의 사바나 Savannah를 배경으로 썼다. 그는 매우 간결하게 써내려갔다. 그가 사바나에서 직면하는 것들 가운데 한 가지에 따르면 '만약 당신이 아틀란타 Atlanta에 간다면, 사람들이 묻는 첫 번째 질문은 "당신은 무엇을 마시고 싶소 ?" 이다.' (Berendt, 1994, 30-31) 이러한 질문들에 대한 답은 그 사람의 아이덴티티를 결정하는 것이다. 만약 내 할머니가 오거스타 Augusta에서 알았던 그 누군가가 아니라면, 그때는 나 역시 아무도 아닌 것이다. 나는 상점에서 물건을 살수도 있고 레스토랑에서 식사를 할 수도 있다. 그러나 나는 그 사회의 일원으로서 나 자신을 개별적으로 그리고 독자적으로 완전하게 확립할 수 없을 것이다. 그러나 만약 내게 손자가 있다면 그때는 손자들이 나의 아이덴티티를 결정할 것이다.

사바나에서 사람들이 묻는 첫 번째 질문은 "당신은 무엇을 마시고 싶소 ?" 이다.

만약 내가 아틀란타에 특별히 이야기할만한 용무가 없이 간다면 그때는 분명하게 드러낼 것이 없는 사람인 셈이다. 혹시 나의 할머니가 그곳에서 태어났다해도 마찬가지다. 조지아 수에서 사태들은 그다지 분명하게 한정되지 않기 때문에 이러한 관습들은 항상 유지될 것이다. 그러한 대답들이 거의 아무런 문제가 되지 않는다하더라도. 이러한 이야기에서 중요한 포인트는 바로 그 질문들 자체가 바로 그들이 질문 받았던 그 장소들의 아이덴티티를 구성한다는 것이다. 아틀란타는 최근에 부유해진 도시이다. 오거스타는 약간 텃세가 심한 곳이다. 사바나는 쾌락적인 곳이다. 혹은 그밖에도 우리가 어떠한 속성들을 부여함으로써 다른 모습을 드러낼 수도 있을 것이다. 이점이 어떻게 누군가의 아이덴티티가 결정되는가이다. 그리고 마찬가지로 우리가 인식할 수 있는 아이덴티티에 호소할 수 없다면, 어떻게 우리 스스로 관념으로부터 사라지는가를 보여준다. 그러나 다른 장소들에서 혹은 다른 역사적 시대에서는 다른 아이덴티티를 정의하는 문제가 우선시되었다.

그들의 부모로부터 물려받은 작위와 역할을 유지하고 있었던 귀족 사회 시절에는 혈통이 개인의 정체성을 결정하는 것이었다. 왕자들, 물론 귀족계급들이 그러했다. 그러나 오늘날에도 일부 남아있다. 베르사유 Versailles의 도서관 사서의 지위조차도 세습되는 것이었다. 사회계급의 더 아래로 내려가도 비슷한 경우가 자주 있었으며 그다지 적절하지 않은 일들이 계속되었다. 한 세대에서 다른 세대로 넘어가면서 그러한 계급의 변화가 거의 일어나지 않는 매우 안정적인 사회에서는, 그것이 이상적이라기보다는 훨씬 실용적이라고 느꼈기 때문에 어떠한 직종의 기술을 배우고 참여하는데 가장 적절한 처지에 있는 사람이 바로 그들의 자식이라고 생각했다. 그래서 그들의 자손들은 직업을 물려받았다. 그리고 가장 완전한 사업상의 소유권을 가진 아버지와의 결속이 이루어졌다. 숙련된 장인의 아들은 그가 종사하는 직업 내에서 가장 성공할 수 있는 사람이 되었다. 그러므로 아이들의 태생은 매우 중요한 것으로 여겨졌고 그에게 있어서 그의 인격을 규정하는 일이었다. 21세기에는 50년 전보다 공간적으로 사회적으로 더 큰 변화가능성이 생겨났다. 스스로 가계를 이어받는 것은 이제는 흔한 일이 아니다. 우리가 우리의 선조들에 관하여 무엇인가 발견할 때, 우리는 우리 자신에 관하여 무엇인가 대단한 것을 배운 것처럼 느끼게 된다. 심지어 우리가 완전히 우리 자신을 그러한 가계에서 완전히 벗어나 생활할 때 그리고 우리가 친인척들이 모르고 있는 장소에서 일하고 있을 때, 그리고 그들이 이해할 수 없는 방식으로 일하고 있을 때에도, 가계의 일이 생길 때마다 개인마다의 태생적인 문제들은 다시 한 번 거듭 중요해진다.

두 아이덴티티 모두가 실재이다. 둘 모두 그녀가 어떻게 해야하는지 알고 있는 역할이다.

국제적인 기업을 경영하며 회사에는 그의 뜻에 따라 움직이는 수백명의 고용인을 거느린 한 여성도 가계의 일에는 누군가의 딸로서 혹은 누구의 이모로 받아들여진다. 그리고 그것이 바로 그 시기에 그녀의 아이덴티티이다. 그 둘 모두가 그녀의 실재이다. 둘 모두 그녀가 어떻게 해야하는지 알고 있는 역할이다. 우리는 어떤 사람이 누군인가를 이야기하는데 다른 방법들을 선택할 수 있다. 그리고 우리가 언급하는 방식은 우리가 속해 있는 기업에 따라 혹은 그 경우에 다라서 다르다. 그러므로 예를 들어, '질 들뢰즈는 파니 Fanny의 남편이고 줄리앙 Julien 과 에밀리 Emilie의 아버지이다' 라고 이야기하는 것은 올바르다고 할 것이다. 그러나 우리에게 그는 도대체 어떤 사람인가 ? 그것을 언급한다는 것은 참 할 말도 많고 복잡하다. 들뢰즈는 테니스를 잘 치지만 수영에는 신통치 못하다고 이야기 하는 것이 옳겠다. 그러나 이 순간, 이러한 소소한 언급들은 우리에게 중요하지 않다. 아무도 그와 테니스를 칠만한 처지도 아니며 그와 엘리베이터를 탈 것을 정중하게 거부할 일도 없다. 자서전을 쓰는 데는 어떠한 경향이 있다. 그와의 비정규적인 만남의 친밀한 순간에, 아마도 나쁘게 언행하는 것과 같은 문제를 발견할 때, 우리는 그의 가장 솔직한 면에서 한 사람을 발견하게 된다. 마치 그의 가장 공적인 아이덴티티가 벗겨졌을 때, 가장 깊은 곳에 사적인 아이덴티티가 존재하고 그것이 참되고 진실한 아이덴티티인 것처럼 생각한다.

아이덴티티는 정치적인 것이다. 그렇기 때문에 타인과의 관계를 통하여 아이덴티티는 생성된다.

그리고 그것은 우리가 가장 깊숙하게 숨겨두고자 노력하는 것이기도 하다. 들뢰즈와 가타리는 그러한 생각에 반대했다. 아이덴티티는 정치적인 것이다. 그렇기 때문에 타인과의 관계를 통하여 아이덴티티가 생성된다고 보았다. 아이덴티티는 완전히 내적인 것은 아니다. 오히려 외적인 측면을 가지고 있다. 우리의 다양하고 일시적인 아이덴티티는 모두 우리가 지니고 있는 아이덴티티이며 그리고 우리가 언급하고 있는 바로 그러한 의도에서 본다면, 타당한 아이덴티티는 사실상 오직 하나이다. 혹은 하나보다 더 많을 수도 있겠다. 그 하나는 상황에 따라 변화하는 것이다. 그러므로 우리가 들뢰즈의 철학을 읽는다면, 그것은 우리가 그는 차를 얼마나 잘 운전했는가 혹은 그는 손톱[1]을 손질했는가는 목적에 맞지 않는 전혀 별개의 것이다. 그리고 우리가 들뢰즈와 가타리가 누구인가를 설명하고자 한다면, 나는 간단하게 그들의 가장 깊은 정수가 무엇인가를 설명할 자신이 없다. 대신에, 다른 논제들을 계속 설명할 것이다. 내가 해야 하는 것은 바로 그들이 무엇을 했는가를 이야기 하는 것이다. 그리고 그들이 해 낸 것 중 하나가 아이덴티티의 미심쩍은 문제들에 관한 사고를 개진하였다는 것이다. 그들을 정의하자면 그러한 일을 한 사람들이다. 그것이 바로 우리가 지금 목적으로 하는 바에 적절한 그들의 아이덴티티이다. 내가 보는 한에서, 그들에 관하여 흥미로운 것은 바로 그들이 형식화하고 기술한 사고방식들이다. 여기에서 그들의 아이덴티티는 바로 저술의 저자로서 그리고 개념들의 창조자로서 여겨지는 것이다. 그리고 그러한 저작들과 아래의 개념들의 무엇인가를 발견함으로써 그들의 아이덴티티는 저절로 다시 자리잡을 것이다.

삶이 제공해야만 하는 그 무엇의 범위를 넓히는 것에 자극 받기를 원하는 건축가라는 유형의 사람들에게 . . . 들뢰즈와 가타리의 사고방식은 매우 가까운 정신적 동지가 될 것이다.

이러한 저작들과 개념들은 결코 그 자체로 종결되는 것이 아니다. 그 글들은 의도적으로 실험적이며 그 의미들은 언제나 삶에서 새로운 가능성들을 생산할 수 있는, 그 무엇으로 전환될 여지를 발견할 수 있는 것이다. 이러한 사태로부터 우리는 어떤 부류의 건축가들과 연결고리가 존재한다는 것을 발견할 수 있다. 그들은 그들의 삶을 진작시키고 삶에서 도전적 실험을 발전시키고자 건축물을 디자인하고자 하는 일단의 건축가들이다. 또 그와는 다른 접근을 선택하는 다른 부류의 건축가들과 사상가들도 있다. 그들은 들뢰즈와 가타리의 저술에서 자극을 받지 못한 사람들이다. 그러나 삶이 제공해야만 하는 그 무엇의 범위를 넓히는 것에 자극 받기를 원하는 건축가라는 유형의 사람들에게 . . . 들뢰즈와 가타리의 사고방식은 매우 가까운 정신적 동지가 될 것이다. 비록 그들의 개념을 이해하는데 조금 시간이 걸린다고 할지라도.

탈주선

누군가 진정으로 문제시 되는 사태에 관하여 글을 쓰고자 하는데 직면한 중요한 부분은 바로 우리가 그러한 문제시 되는 사태들을 경험할 수 있는 심적인 상태에 있어야만 한다는 것이다. 그리고 문자를 통하여 그러한 경험에 관하여 무엇인가를 이야기 위해서는 완전히 다른 심리적 상태에 있어야만 하며 그리고 나서야 글로서 옮겨야만 한다는 것이다. 예를 들자면, 미학적인 경험에 있어서 어떠한 예술 작품에 의하여 감정적으로 이입되는 전율은 그것이 문학적이든, 건축적이든 혹은 다른 예술의 분야이든지간에 비평을 통하여 재현하기가 어렵다. 아마도 누군가 느닷없이 그러한 감각에 사로잡힌다면 매우 강력하고 효과적으로 전달될 것이다. 그리고 절정의 황홀감이 예고 없이 밀려와 사로잡을 것이다. 만약 누군가의 거주지에 방문하고 있다면 당시에 나는 그곳에서 삶을 지탱하고 있는 수단들을 발견하고자 할 것이다. 그리고 만약 단지 그렇다는 것을 발견할 뿐이라 하더라도 훌륭한 가정이라고 생각할 것이다. 내가 어떠한 건축적인 경이를 발견하기 위하여 수천마일을 여행한다고 하더라도, 나는 그보다 더 나은 것 혹은 더 정확히 말해서 다른 무엇인가를 발견하지 못한다면 실망하게 될 것이다. 나는 나의 발아래 감동을 주고 있는 지구를 느끼고 싶은 것이다. 나는 하늘 위에서나 볼 수 있는 드넓은 시야가 내게 열려지는 그러한 의식 상태를 갖고 싶은 것이다. 아니라면 우주가 내 주변에서 다시 펼쳐지는 그러한 느낌, 그러한 질서와 원리라고 할 수 있는 그 무엇, 거대한 해양의 광대한 감각, 혹은 적어도 역사의 벼랑 끝에서 있는 듯이 느껴지는 현기증, 매일의 일상생활에서 손에 가깝게 두었던 물체 뒤편으로 내내 같은 곳에 있었던 지평선을 갑작스럽게 인식하고 깨닫게 되는 것과 같은 감각을 느끼고 싶은 것이다. 그러한 절정의 경험은 충분히 실재하는 것이다. 그러나 단지 이야기하는 것만으로는 당신이 감각하도록 돕지는 못한다. 나는 내 안의 다른 감정들을 다시 불러일으키는 다른 것을 이야기해야만 한다. 그리고 나서 가장 최선이기를 기대해야 한다.

매일의 일상생활에서 손에 가깝게 두었던 물체 뒤편으로 내내 같은 곳에 있었던 지평선 . . .

만약 어떠한 특별한 건물 때문에 전율을 느꼈다 한다해도, 당신이 똑같은 자리에 다시 간다면 동일한 느낌을 받을 것이라고 확증할 수 없다. 분명히 그것은 건설자에게 주어진 지침중에는 없는 내용이다. 그 지침에 써있는 벽체는 3m 높이에 80cm 두께를 가질 것이며 유리판넬은 네오플렌 마감을 할 것이라는 기준과는 다른 것이다. 그러한 지침들에는 신비한 매력이란 존재하지 않는다. 비슷하게 문학에 있어서도 페이지마다 쓰여진 단어들은 하나의 대상을 묘사할 뿐이다. 그러나 문제가 되는 영향들은 모두가 전혀 다른 영역에서부터 생산된다. 예를 들어 피츠제럴드 Scott Fitzgerald는 매우 지적이며 통찰력있게 글을 썼다. 그러나 그를 진정으로 위대한 작가로 만들어 준 것은 바로 흥분에 들떠 무기력해지고 알코올에 빠져가는 상류사회의 생활들에 대한 묘사에 의한 탓이다. 어느 곳에서는 어투의 전환을 보여주고 다른 곳에서는 행동의 세부의 변화를 드러냄으로써 그 내부에 존재하는 공허함의 감정을 드러낸 것이다. 그리고 더 빠른 자동차들과 화려한 패션에 대한 파국적 몰입은 단지 그러한 그리스적 비극과 같은 요소들을 보여주는 그 무엇을 실현하는데 있어서 부속품에 지나지 않았다. 주인공들의 삶이 가지고 있는 겉으로만 번지르르한 매력은 어떠한 다른 종류의 장중한 숭고함을 불러일으키게 된다.

이러한 도취와 상승은 들뢰즈와 가타리의 언어로 이야기 하자면, 탈주선 line of flight으로 나타난다. 예술 작품은 탈주선을 생산한다. 따스한 목욕은 즐거운 경험이다. 그러나 나는 일반적으로 그것을 예술 작업이라기보다는 오히려 하나의 안락함으로서의 경험한다. 많은 회화작품들, 영화 그리고 소설들은 마치 따스한 목욕처럼 이러한 방식으로 작용한다. 그것은 분위기와 열정의 도취, 탈주선으로서 작용하기 보다는 훌륭한, 느낌이 온화한 존재의 감각을 생산하는 것이다. 우리 삶에서 그러한 경험이 갖는 역할이 존재한다. 그리고 나는 그러한 기대들이 사라지지 않기를 바라며 그 결과 위대한 작품과 기운을 돋우는 샤워를 서로 다른 것으로 구분하고 살고 싶지 않다. 항상 절정, 숭고를 넘어서 어떠한 편안할 수 안락함을 선택하는 것은 평범한 사람들에게는 일상적인 공식이다. 그러나 반대로 열정적인 예술가의 금욕주의는 하나의 열광, 알코올중독 혹은 식욕부진과 같은 것으로 정식화되어 왔다는 것을 발견할 수 있다.(Deleuze and Parnet, 1977, 50-1)

> 비상은 어떠한 종류의 광란 delirum이다. 광란의 상태가 된다는 것은 사실상 정해진 선로를 벗어난다는 것이다. 넋을 잃고 중얼거리는 것 *déconner*처럼 횡설수설하는 것들이 포함된다. 탈주선 line of flight에는 어떠한 것에 홀렸다거나 정신을 잃어버리는 그 어떠한 것이 존재한다. 악마 demons는 신들 gods과는 다른 것이다. 왜냐하면, 신은 불변하는 속성들 attributes과 고유한 본질 properties 그리고 작용 functions, 영토 territories 와 코드 codes를 지니고 있기 때문이다. 그러한 모든 것은 고정된 궤도 rails, 경계 boundaries 그리고 측량 surveys과 관계한다. 악마 demons가 하는 그것은 간격을 가로질러 뛰어 넘는 것이고 하나의 간격에서 또 다른 간격으로 넘어서는 것이다.(Deleuze and Parnet, 1977, 40)

. . . 열정적인 예술가의 금욕주의는 하나의 열광, 알코올중독 혹은 식욕부진과 같은 것으로 정식화되어 왔다는 것을 발견할 수 있다.

들뢰즈는 스피노자 Baruch Spinoza에 관한 작업들, 특히 윤리학 the Ethics을 설명하면서 이러한 분위기를 고조시키고 있다. 윤리학은 그의 개인적 안전에 위협이 될 결과를 두려워한 나머지 스피노자의 생애에는 출판되지 않고 남겨진 것이었다.

> 많은 해석자들이 스피노자를 충분히 주목해 왔기 때문에 그에 관하여 언급하게 되자 새로운 바람이 생겨났다. 사실상 적당한 다른 비유가 없다. 그러나 우리는 철학자 빅터 델보스 Victor Delbos가 언급한 매우 크고 조용한 바람을 생각해야만 하지 않을까 ? 혹은 우리가 하나의 강력한 회오리바람 정도로 생각한다면, 키예프 Kiev 사람들이 말하는 마녀의 돌풍 정도라고 한다면, 철학자가 아닌 그냥 조금 뛰어난 누군가 즉, 1코펙 kopek(러시아 화폐단위)으로 「윤리학 *the Ethics*」을 산 좀 부족한 유태인이 '그 책이 모든 것에 얼마나 잘 들어맞는 것인지'를 이해하지 못하는 것과 같다.(Deleuze, 1970, 130)[2]

'키예프에서 온 사람'이란 맬러머드 Bernard Malamud의 소설 「*The Fixer*」에 나오는 허구의 인물이다. 그는 스피노자의 윤리학에 관하여 이야기한다. '나는 몇 페이지를 통독하였고 나의 등줄기에서 격렬한 감정이 있어나는 것처럼 계속 읽어나갔다. 내가 이야기한대로, 나는 모든 어휘들을 이해할 수는 없었으나 당신이 그러한 생각을 다루고 있을 때, 당신은 마치 마녀의 지팡이를 타고 가는 것처럼 느껴야만 한다. 그리고나면 나는 이전의 내가 아닌 것이다.' (Malamud, 1966; quoted by Deleuze, 1970, 1) 광란적인 비상의 감각은 매우 분명한 것이다. 모든 것을 다시 설명하면서 스피노자는 또 다른 방식의 가능성들에 대한 감각을 깨워놓았다. 그리고 사물의 상식적인 질서를 뒤흔들어 놓았다. '마치 우리가 스피노자주의자 Spinozist라고 가정한 후' 들뢰즈는 다음과 같이 썼다.

> 우리는 어떠한 사물도 그 형식 form에 의하여 또 기관 organ 그리고 작용 function에 의하여서도 한정할 수 없다. 그리고 어떠한 실체 substance도 주체 subject도 한정할 수 없다. 중세시대로부터 어떠한 의미를 빌려오거나 혹은 지리학으로부터 어휘들을 빌려와서 우리는 그것을 위도 longitude와 경도 latitude, 혹은 길이와 폭으로 이해할 수 있다. 둘 모두 가늠할 수 있는 경계 혹은 범위를 의미한다. 그 위도와 경도에 의하여 한정할 수 있을 것이다. 그 실체는 무엇이든 될 수 있다. 그것은 동물, 소리, 지성, 혹은 이데아가 될 수도 있다. 그리고 언어학적인 신체

가 될 수도 있고 사회적인 신체, 집합체일 수 있다. 그러한 시각에서 보자면, 우리는 신체의 경도를 신체를 구성하는 분자들 particles사이의 속도와 느림, 움직임과 정지의 관계의 체계로 부를 수 있다. 그것은 비정형적인 요소들 사이에 존재하는 것으로서의 분자들이다. 우리는 위도를 각 순간의 신체를 점유하는 영향들의 체계로 부를 수 있다. 다시 말하면, 불특정의 힘이 가지는 강도의 상태들이라고 할 수 있다. 실제적인 것으로서의 힘 그것은 어떠한 영향을 감당할 수 있는 수용력이다. 이러한 방식으로 우리는 신체의 지도를 구축한다. 위도와 경도는 개별적으로 혹은 전체를 통하여 모두 본질, 내재성 혹은 항구성의 평면을 구성한다. (Deleuze, 1970, 127-8)

그 실체는 무엇이든 될 수 있다. 그것은 동물, 소리, 지성, 혹은 이데아가 될 수도 있다. 그리고 언어학적인 신체가 될 수도 있고 사회적인 신체, 집합체일 수 있다.

여기에 익숙하지 않은 술어들의 혼미함이 있다하더라도, 어떠한 널리 알려져있는 일의성의 의미가 존재한다. 그것은 가능성의 열려진 유출로서 세계를 바라보는 것이다. 들뢰즈와 가타리의 저작들에서 그러한 일의성은 건축물을 위한 형태를 발견할 것을 스스로에게 요구하는 건축가들에게 매력적인 자극이 된다. 형태를 발견하기 위한 전제조건은 형태가 없어야 하고 형태를 지닐 수 있는 조건들을 드러내는 것이다. 그럼으로써 새로운 가능성이 생성된다. 우리가 건축물의 유형을 그 형태에 따라서 한정하고자 한다면, 그때에는 디자이너는 필요하지 않게 된다. 우리는 이미 디자인을 확인하고 있는 것이다. 그리고 사물들이 그러해야 하는 방식들이 존재할 수 있는 어떠한 진보도 없는 문화에서라면 디자이너는 필요가 없을 것이다. 어떠한 문화 내에서 대부분의 기간 동안 매우 잘 작동하기 위하여, 우리는 공통의 감각을 다룰 수 있어야할 필요가 있다.

그들이 우리에게 도움을 줄 수 있는 것은 바로 공통의 감각을 몰아내는 일이다.

그리고 사물을 평범한 방식으로 발견할 수 있어야 한다. 예를 들어, 의미 있는 도움을 주고받기 위하여 시간에 맞추어 약속들을 준수하는 것, 필연적으로 관계하는 건축물을 건설하기 위하여 거대한 자본으로 합병을 할 수 있어야 한다. 들뢰즈와 가타리는 그러한 과정에는 아무런 도움이 되지 않는다. 그들이 우리에게 도움을 줄 수 있는 것은 공통의 감각을 몰아내는 일이다. 우리를 마법의 물결에 태워주고 우리가 세계를 확정되지 않은 힘들에 의하여 조율되는 형식화되지 않은 요소들로서 이해하도록 하는 것이다. 그리고 이러한 실체의 세계로 들어섬으로써 우리가 이전에는 존재하지 않았던 무엇인가를 작동하게 하는 어떠한 위치를 스스로 세울 수 있게 한다.

무리로부터의 이탈

눈부실만큼 아름다운 그러나 종종 황량한 북부 잉글랜드의 컴브리아 Cumbria에서 셀 수 없이 수많은 세대 동안 동일한 영토에서 살아 온 양들이 있다. 그 양떼는 그들의 방식으로 주변을 이해한다. 그리고 길을 벗어나는 경우란 없다. 그들은 자신만의 습관적인 통로를 따라 가고 이러한 지식은 한 세대로부터 다음 세대로 전해진 것이다. '양' 들은 '듬직하다 hefted' 고 부른다. 그것은 스칸디나비아 반도 Norse로부터 유래한 것으로 이러한 경우에만 사용되는 것이다. 듬직한 양들은 그 지역의 구릉지 농부들에게는 혜택이다. 왜냐하면 양들은 담장으로 둘러진 울타리 안에 지켜둘 필요가 없기 때문이다. 양들의 움직임은 충분히 예상할 수 있다. 그리고 개들을 이용해서 몰 수 있고 한데 모으거나 가두고 털을 깎을 수 있기 때문이다. 그러나 양들은 울타리에 가두어 정해진 목초지에서 풀을 뜯는 기른 가축이라기보다는 거의 야생 동물에 가깝다. 여기에서 목초지는 매우 힘들게 세워진 암석 담장으로 둘러싸여진 곳이다.

듬직한 양들은 완전히 자유롭다. 양들은 그러한 자유로움을 누릴 생각을 하지 않는다. 모두가 더 큰 도시로 나갈 생각도 하지 않고 미술관은 물론이며 더 큰 도로로 가고자 하지도 않는다.(이미지 참조. Damien Hirst. Away From the Flock. 1994.) 이러한 시골에는 진정한 위험이 도사리고 있다. 산비탈로 굴러 떨어지는 암석들이나 격한 폭포수가 흘러내리는 절벽과 같은 것이다. 자유로운 마음을 가진 양은 그곳에서 갑작스러운 죽음을 맞을 수 있다. 그러나 듬직한 양들은 그들이 어디에 있어야 하는지 알고 있다. 그리고 마치 그들이 원하는 것이 그것인 것처럼 행동한다. 그들은 특별한 목장에 가두어져 있는 것이다.

양들을 영토화되었다. 듬직한 양들은 공통의 감각에 의하여 완전히 그리고 단일하게 통제받는 세계 내에서 살아간다. 세대를 통하여 전수된 지혜는 그들을 안전하게 유지한다. 만약 어떤 양이 어떠한 철학적인 감수성을 가지고 태어난다면, 다른 양들은 그 양을 알아서는 안 되고 미쳤다거나 나쁘다거나 위험한 것으로 여길 것이다. 그리고 어떻게 해서든 양떼들의 일부로 오래 동안 지낼 수 없을 것이다. '인간은 자신이 자유롭다고 믿는다 Men believe they are free' 라고 스피노자는 말했다. 덧붙여 '정확히 그들은 그들의 의지 작용과 욕망을 인지하고 있기 때문이다. 그럼에도

Damien Hirst. Away From the Flock. 1994.

불구하고, 그들을 욕망하게 하도록 결정해 왔던 원인과 의지를 고려한다고 하더라도 인간은 아주 실낱같은 인식도 얻을 수 없다.(Spinoza, 1677b, 57) 사실상 인간은 그렇게 매우 안전하게 그들의 욕망들에 사로잡혀 있는 것이고 그러므로 그들은 스스로를 인정하고 받아들이는 것이다. 그리고 자기 자신이 그러한 여건들을 통제할 수 없다고 믿고 있는 것이다. 확립된 행위의 기호들은 폭군과 노예 사이의 낯선 결합에 의하여 그 위치를 지키고 있는 것이다. 그러한 이상스러운 결합을 노예들은 인정하고 강제하는 것이다.

인간은 자신이 자유롭다고 믿는다 Men believe they are free' 라고 스피노자는 말했다. 덧붙여 '정확히 그들은 그들의 의지 작용과 욕망을 인지하고 있기 때문이다. 그럼에도 불구하고, 그들을 욕망하게 하도록 결정해 왔던 원인과 의지를 고려한다고 하더라도 인간은 아주 실낱같은 인식도 얻을 수 없다.

> 독재적인 정치적 수완에 있어서, 최고의 필수적인 비결은 국민을 현혹하는 것이다. 그들을 두려움이라는 가면으로 가리고 무기력하게 하고 그럴듯한 종교적인 모양새로 치장하는 것이다. 그래서 사람들은 용감하게 노예 제도와 싸우듯이 안전을 위하여 싸우는 것이다. 그리고 폭정의 허세를 감내하고 그들의 열정과 삶을 위협하는 것을 수치로 여기지 않고 오히려 최고의 명예라고 여긴다. (Spinoza, 1677a, quoted by Deleuze, 1970, 25)

이후 이 문제에 관한 연구는 독일의 낭만주의적 철학자 니체 Friedrich Nietzsche (1844-1900)에 의하여 특별히 「*선과 악을 넘어서*, Beyond Good and Evil」에서 논의되었다. 그리고 그 후속으로 「*도덕의 계보*, The Genealogy of Morals」로 이어졌는데 그 머리 단락에는 '우리는 우리 자신에게 너무나 알려진 것이 없다 We are unknown to ourselves' 라고 기록되어 있다. 우리는 들뢰즈가 니체에 관하여 썼을 뿐만 아니라(실제로 두 권을 썼다), 그는 니체의 이름을 스피노자에 관한 그의 두 번째 책의 첫 어휘로 선택하였음을 주목해야만 한다. 들뢰즈와 가타리의 첫 공동 저작 「*앙띠 오이디푸스*, Anti-Oedipus」의 첫 서두에서도 이러한 생각이 드러나고 있다. 우리는 두 번째 챕터에서 그것을 확인할 수 있다. 물론 「*앙띠 오이디푸스*, Anti-Oedipus」가 1972년 출간되었을 때, 특별히 인간의 욕망에 관한 연구에 관하여 지배적 영향을 미치고 그 연구의 윤곽을 만들어 냈으며 프랑스의 지성사에 거대한 유산을 남겨준 인물이 지그문트 프로이트 Sigmund Freud (1856-1939)라는 것은 그다지 주목되지 않고 넘어가야 했다. 그러나 어떻게 그럴 수 있겠는가 ? 들뢰즈와 가타리의 저작이 갖는 타이틀은 이 점을 분명히 하고 있다. 프로이트는 '오이디푸스 콤플렉스 the Oedipus complex' 라고 불렀던 지각하지 않은 욕망의 체계를 인간의 행위의 많은 부분을 인식하지 못한 근거로서 제시했다. 그렇게 프로이트가 제시했던 것처럼, 그들도 프로이트와 공유하는 문제들을 가지고 있다는 점을 밝혔다. 그러나 다른 들뢰즈의 사고를 형성하는 열정의 다른 관심은 바로 이점에 관하여 언급되어야 할 것이다. 즉 스코틀랜드의 철학자, 흄 David Hume (1711-76)이다.

주사위 놀이

흄은 들뢰즈의 첫 번째 책의 주인공이다. 그의 '자아 self' 에 대한 개념이 바로 그 책에서 분명히 밝혀지는 것이다. 흄에게 있어서 자아는 매우 일시적인 개념이었다. 그가 조심스럽게 자아에 관하여 엄격한 철학적 방식으로 사유할 때, 그는 자아가 존재한다는 것을 확신하게 할 어떠한 그럴듯한 이유를 찾았다고 자신에게 스스로 설득할 수가 없었다. 그러나,

> 진정으로 다행스럽게도, 다음과 같은 일이 일어났다. 어떠한 이유로도 이러한 먹구름을 사라지게 할 수는 없었다. 그렇기 때문에, 본성 그 자체는 그러한 목적에만 만족하고 있다. 그리고 나의 지성이 가진 긴장을 늦추어 주거나 혹은 어떠한 위안으로도 내게서 이러한 철학적 우울과 광란을 제거할 수 없다. 그리고 모든 이러한 망상들을 뿌리뽑아버릴 나의 감각들의 생생한 느낌도 제거할 수 없다. 나는 식사를 하고 주사위 놀이를 한다. 담소를 나누고 그리고 나의 친구와 유쾌하

> 게 시간을 보낸다. 서너 시간의 즐거움이 지나가고 나 자신이 다시 이러한 문제에 대한 사색으로 돌아갔을 때, 그들은 흥미롭지 않으며 부자연스럽고 우스꽝스럽게 보이게 되고, 나는 내 마음에서 그들 모임에 더 이상 들고 싶지 않다는 것을 발견한다. (Hume, 1739, 269)

흄은 그가 철학하지 않는 동안에는 공통의 감각으로 위안을 얻을 수 있었다. 그리고 다른 사람들과 같이 이야기 하는 것이 편안하다는 것을 발견했다. 또 그의 철학이 그 자신 혹은 다른 누군가를 사유하는 것에서 불확실함을 느꼈다. 그리고 적어도 만약 평범한 사고 내에서 감각할 수 있다면 그는 즐거운 시간을 가질 수 있다는 것을 알고 있었다. 여기에서 다시 철학적이고 금욕적인 삶과 사교적 세계 사이의 선택이 존재한다. 그러나 흄은 두 영역 사이에 어떠한 움직임의 요구를 확인하였다. 그는 그의 철학적 저술에서 독자적인 금욕주의적 상상력에 머무는 것이 진실한 것으로 여기고 있다. 그러나 다른 시간에는 마치 그가 스스로 결정한 것처럼 사교적인 세계와의 관계를 유지하였다. 그리고 이것은 분명하게 정신적 건강과 관련된 중요한 공식이다. 그러므로 여기에서 흄은 철학적인 인물의 성격 persona을 세심하게 차용하면서도, 적지 않은 경우에 다른 사람과의 더 나은 만남에서 신중하게 그러한 인격을 잠시 제쳐 두곤 했던 18세기 중반의 사람이다.

비록 흄이 이야기한 것과는 완전히 다른 것이라고 할지라도, 이야기 하고자 하는 것은 자아 self에 대한 그의 감각이 정치적이라는 것이다. 그것은 사실상 타인과의 접촉을 통하여 생성된 것이다. 그가 자신을 격리시킬 때 자아에 대한 그의 감각은 문제시된다. 그러나 그가 타인들과 관계를 유지하는 때에는 그러한 순간에 그의 자아에 대한 감각은 다시 돌아오는 것이다. 그리고 다시 안정적이 되는 것이다. 아이덴티티는 상대적이다. 많은 사람들의 대화에서 흄의 어휘들이 언급되어지고 흄의 저술이 그렇게 언급하는 다양한 인성들 personae과 함께 머물게 되는 때, 아이덴티티의 형성 과정은 더욱 더 많이 진척된다. 마치 흄이 해설자 혹은 하나의 개성으로서 받아들일 수 없는 그러한 원칙들을 가진 '친구 friend' 로부터의 방문을 받는 것과, 그럼에도 불구하고 스스로 놀랍게도 어떠한 변화의 동기를 발견하는 에피소드처럼, 다양한 인성들과의 관계가 진행 될 때, 아이덴티티의 관계는 더욱 심화된다. 그러므로 누군가는 흄의 견해가 흄 자신의 시각보다도 오히려 그의 친구가 가진 견해들에 더 가깝다고 추측할 것이다.(1751, section XI).

들뢰즈와 가타리가 이러한 작업을 2백년이 지난 후에 이루었을 때, 그 작업은 포스트모던 postmodern으로 여겨졌다.('우리는 각자 서넛의 인성을 지니고 있었기 때문에, 이미 거의 군중과 다름없었다.')그러나 흄과 함께 생각해 보자면 우리는 그것이 매우 전통적이라는 것을 발견할 수 있다. 그의 대화들은 키케로 Cicero의 대화를 모델로 만들어 졌다. 그 대화에서 인물들 사이의 시각들이 키케로 자신의 견해와 일치 하였는가 역시 분명하지 않다. 철학적으로, 대화의 형식은 플라톤 Plato에게까지 곧장 거슬러 올라간다. 플라톤의 대화에서 다양한 견해들이 소크라테스와의 대화에 참여한 편집광들 사이에 다양하게 흩어져 있다. 그러나 우리는 이러한 대화들이 진실로 일어났다고 가정하지 않더라도 그리고 플라톤이 단지 아카데미 Academy에서 일시적으로 있었던 서기관이 아니라 할지라도, 플라톤의 입장에서는 그러한 것들이 복화술의 행위로서 그의 목적을 이루기 위하여 다른 목소리를 신댁한 것과 같은 것이다. 그것은 최대한의 드라마틱한 재구성으로서 진실되고 예술적인 노력으로서, 당연히 일어날 수 있는 허구적인 재편집이나 비평과 논증의 융합과 마찬가지였다.

탈영토화

다시, 듬직한 양들의 예로 돌아가자. 그것은 흄이 잡담하고 주사위놀이에 참여하는 때, 그가 손쉽게 접근할 수 있고 자연스럽다고 느껴지는 그의 사회적인 페르소나 persona를 채택함으로써 마치 에든버러 Edinburgh 사회에서 편안하고 든든해지는 것처럼 여겨지는 것이다. 그는 어떠한 영역에 귀속되어 있다. 그리고 어떻게 그 집단의 일원으로서 행동해야 하는가를 알고 있다. 또 그러한 행동을 하는 동안, 스스로 그러한 행위에 대하여 훌륭하다고 느끼게 된다. 그러나 그는 그러한 행위로부터 벗어날 수 있다. 그것은 그의 철학적 사고가 그러한 영역에서 벗어나 탈영토화 deterritorialization되는 것이고 그를 에든버러로부터 벗어나게 하고 온건한 세계로부터 벗어나서 거의 이웃에게 드러내 보여준 적이 없는 새로운 세계로 들어가는 것이다. 이러한 개성들은 어떠한 지역이나 혹은 다른 곳에 속해 있는 사고의 방법들에 도태를 두고 있는 것과 마찬가지로, 다양한 다른 페르소나를 채택하는 것은 다양한 재영토화 reterritorialization이다. 그것은 마치, 우연한 기회를 얻거나 혹은 양떼들로부터 벗어나 방황하게 만드는 광기를 통하여, 우리 양들이 새로운 무리들 안에 편입되어 흡수될 수 있다거나 새로운 장소, 어떤 낯선 경관에서 다시 듬직해지는 become hefted 것이다.

그 희생양으로 광기, 알콜 중독, 식욕부진을 동반하는 금욕적 상태가 지나치게 중독적인 행동양식을 요구하게 되는 때, 탈영토화의 행위가 되고, 그렇게 될 수 있다. 흄은 그의 탈영토화의 경험으로부터 돌아와 회고하면서 우리에게 길을 잃은 양이 된다는 것이 어떠한 기분인가를 이야기하고 있다. 그러나 일단 그가 안전하다고 믿고 있는 집으로 돌아왔고 그러한 심적인 상태에서 그러한 모험들이 해볼 만한 가치가 있는가에 대하여 확신하지 못하고 있다. 그것은 다른 사람들과 마찬가지로 이야기하고 있는 그의 안정된 사교적 방식이다. 그러나 그는 늘 제자리로 되돌아갔다. 그에게는 다른 삶의 부분들이 존재했고 그것은 무엇이라도 일어났던 그 때, 자신이 탈영토화되었다는 것을 발견하는 유쾌한 기분을 끌어다 주는 것이다. 그리고 그는 스스로 오늘날가지 감탄하지 않을 수 없는 분명한 정을 담고 있는 그 무엇을 책으로 이야기하고 있음을 발견하였다. 그러나 그것은 결코 그가 즐겼던 집단 내에서 소리 높여 이야기할 수는 없던 것이었다. 그의 저술들의 얼마간은 그의 사후에서야 출간되었다. 그러나 오늘날 그것이 읽혀지고 여전히 그들 독자들 사이에서 탈주선을 생산하고 있는 것이다. 비록 그의 주사위놀이의 즐거움은 오직 글 속에서만 자극하고 있지만. 탈영토화된 흄 그러니까 철학적인 흄에 있어서 자아에 대한 불확실한 파악은 사교 사회에서 그가 느끼고 있는 스스로 의식하지 못한 자신과 대립하는 것이다. 또 상식으로 이해되는 일상적인 세계에서 그는 철학적인 분위기를 정신적인 질병으로 제안할 수 있었다. 그것 때문에 마음이 산란하여 집중하거나 의욕을 가지는 것이 부족한 것은 자연적으로 치유되는 것이라고 보았다.

> 나는 처음에 나의 철학 안에 자리 잡고 있는 대표적인 고독에 대하여 놀랍고 당황하였다. 그리고 나 자신을 어떠한 낯설고 거친 괴물이라고 상상했다. 결코 이 사회에서 통합되거나 섞일 수 없는 그러한 괴물이며 그것은 나의 모든 인간적인 활동을 모두 추방시켜 왔으며 궁극적으로 버려지고 슬픔 속에 내동댕이 쳐버렸다. 나는 안락한 피난처와 온정을 얻고자 군중들 속으로 들어가기는 싫었다. 그러한 변화와 섞이도록 하는 것으로 나 자신을 설득할 수 없었다. 나는 내부의 모임과는 떨어져 있고자 다른 사람들에게 나를 참여시켜주기를 요구했다. 그러나 아무도 나에게 귀를 기울이지 않았다. 모두가 나와는 거리를 두고 있었고 사방으로 나를 두드리는 광풍을 두려워했다. 나는 모든 형이상학자, 논리학자, 수학자와 심지어 신학자들에게까지 나의 적의를 드러내 보여왔다. 그리고 내가 감내해야만 하는 모욕들에 과연 놀라워만 할 수 있을까 ? 나는 그러한 체계들의 반대할 것을 주장해 왔다. 그리고 만약 그들이 나 자신에 대한 그리고 나의 사람들에 주변 사람들에 대한 증오를 표현하고자 한다면, 나는 당황할 것인가 ? 주변을 둘러본다면, 나는 모든 면에서 논쟁, 반박, 분노, 비방, 비난을 예견할 수 있다. 그리고 눈을 나의 내부로 돌려본다면, 의혹과 무지 이외에 어떠한 것도 발견할 수가 없다. 모든 세계가 나와 대립하고 부정할 것을 모의한 것이다. 그러한 나의 무기력에도 불구하고 그 누구도 나에게 찬성하지 않을 때조차, 나의 모든 견해들이 그들을 허물고 파괴하고 있다고 느껴진다. 내가 지나온 모든 발자취는 하나의 망설임이다. 그리고 모든 새로운 반성들은 나의 사유 속에서 어떠한 오류와 불합리를 남길까 두려워하게 만든다. (Hume, 1739, 264-5)

. . . 아마도 어느 날엔가, 이 세기는 들뢰즈의 시대로 알려질 것이다.

오늘날, 흄은 누구나 다 아는 영국의 위대한 철학자로 알려져 있다. 그리고 이러한 의혹들에 대하여 여전히 많은 사람들이 그의 책을 읽는다. 그러나 그 당시에 이러한 논의의 책을 출간한다는 것은 신중하지 못한 일이었다. 그는 당시에 아무것도 분명히 구체화한 것이 없는 단지 학문적인 커리어를 희망하고 있었던 청년이었다. 비슷한 방식으로, 들뢰즈와 가타리는 강하게 그리고 밀접하게 상호연관 된 사실들을 이야기 해왔다. 그리고 그들의 입장을 굽히지 않았다. 이와 마찬가지로 자주 들뢰즈의 친구인 푸코 Michel Foucault의 언급들에서 가치를 발견할 수 있다. '아마도 어느 날엔가 이 세기는 들뢰즈의 시대로 알려질 것이다.' (Foucault, 1970, 165) 비록 정확하지는 않더라도, 익살스럽고 아이러니하고 농담조의 말이라 하더라도, 그것은 매우 중요한 시기에 그를 지지하는 언급이었다. 그리고 이 말은 자주 반복되었고 인용되었다. 아마도 주로 선전 문구들에서 출판업자들에 의하여 책을 팔기위한 수단으로 사용되었을 것이다. 그러나 그것은 그 불합리를 분명하게 인정하지 하지 않은 채 사용되는 것이었다. 들뢰즈는 한편으로는 신 gods라고 하기보다는 악마 demons적 측면에 서 있었다. 그는 법을 만드는 사람이기보다는 파괴자였으며 정적인 기관보다는 유목적인 전쟁 기계의 측면에 서 있다. 그의 사고는 이리저리 뛰어 오른다. 마치 그것이 그렇게 기호화되어 있고 프로그램되어 있는 것이라면, (어떠한 것은 그 자신임에도 불구하고 어떠한 원인으로 미끄러져 가는 그 무엇처럼 보이기도 한다.) 그렇다면, 그것은 그토록 매력적으로 보이게 만드는 해악과 생명력을 잃어버리는 것이다. 오랫동안 그는 철학의 역사를 연구했다. 그리고 그는 다음과 같이 언급했다.

> 그러나 나는 다양한 방식으로 보완하였다. 첫 번째, 역사에 있어서 이성주의자적 전통에 도전하는 저자에 집중함으로써 그리고 나는 루크레티우스 Lucretius, 흄 Hume, 스피노자 Spinoza, 니체 Nietzsche에게서 비밀스러운 연결고리를 발견하였다. 그것은 그들의 부정적 본성에 근거한 비판, 기쁨의 생산, 내재성의 혐오, 작용들과 관계의 외재성, 권력의 고발 등을 통하여 구축된 것이었다. 내가 가장 혐오하는 것은 헤겔주의 Hegelianism와 변증법 dialectics이다. 칸트의 차이에 관한 나의 책, 물론 나는 이 책을 좋아한다. 나는 이 책을 그들의 철학적 체계가 어떻

게 작동하는가를 보여주고자 노력하는 적들에 관한 책으로서 집필하였다. 그것은 매우 다양한 톱니이다. 사유의 심판대, 기관들의 합법적인 교육 훈련인 것이다. 우리가 입법자들로 규정되어 짐으로써, 오히려 모든 것을 더욱 위선적으로 만들어 버리는 사태에 대한 우리의 복종이 그것이다. 그러나 내가 생각하기에 이러한 시기에 그러한 문제를 감당하기 위하여 가장 중요한 방식은 철학의 역사를 어떠한 비열한 농간이거나 혹은 (결국에는 동일한 것이 되고 말테지만) 티 하나 없이 숭고한 사고로서 여기는 것이었다. 나는 나 자신이 저자들을 그들 이면으로부터 받아들이고 있다고 믿었다. 그리고 그들에게 그들 스스로 잉태한 것이라고 할 수 있는 사유의 유산을 부여했다. 물론 그것은 여전히 괴물 같은 것이었다. 그것은 그들 자신이 생산한 소산물에 있어서 진정으로 중요한 것이었다. 왜냐하면, 저자는 모든 그가 이야기 하는 것을 실제적으로 이야기 해야만 한다. 그러나 그들의 소산물은 기괴한 것이 될 운명을 지니고 있다. 그 이유는 내가 진정으로 즐기고 있는 모든 종류의 변용, 미끄러짐, 탈주, 숨겨진 유출의 결과이기 때문이다. 나는 베르그송 Bergson의 책이 훌륭한 사례라고 생각한다. 그리고 오늘날 단순히 베르그송에 관하여 썼다는 사실만으로 나를 향해 조롱하고 있는 많은 사람들이 있다. 그것은 단순히 그들이 역사를 충분히 알지 못한다는 것을 보여준다. 그들은 베르그송이 초창기에 프랑스의 대학 학계 내에서 자신을 일으켜 세우는데 얼마나 많은 혐오를 이겨내야 했는지 알지 못한다. 어떻게 그가 모든 사회적 영역에 걸쳐서 모든 종류의 열광적이고 관습에 얽매이지 않는 사람들에게 구심점이 되었는가를 알지 못하고 있다. 그리고 그것이 그가 실제로 의도한 바였던가 하는 것은 전혀 문제되지 않는다.(Deleuze, 1990, 6)

베르그송은 의도하지 않게 즐거운 삶을 확신하는 파괴자들과 대립하는 전형으로 채택되고 있다. 심지어 칸트에게서 발견되는 전형적인 무엇인가도 존재한다. 이 책은 매우 짤막한 책이다. 들뢰즈는 그 책의 부제를 '교육기관의 교리 The Doctrine of the Faculties'라고 달았다. 여기에서 그는 두 개의 매우 의미심장한 단어를 사용했다. 그것은 들뢰즈의 생각에서 어떠한 칸트에 의하여 규정된 가르침 teaching일 뿐 아니라 '대학의 독단 the dogma of the universities'로 번역할 수도 있었다. 어휘들에 부여된 이러한 사실들은 칸트가 여전히 살아서 무엇인가를 얻고자 한다는 순수한 개념을 넌지시 암시한다. 다른 아이러니는 들뢰즈가 대학기관에 고용되었다는 것이다. 그는 뱅센 Vincennes의 파리 제8대학 Paris VIII에 자리 잡았다. 이

대학은 프랑스 교육 시스템에 있어서 특이한 곳이었다. 대학은 과도할 만큼 자유로운 곳이었고 그 자체로 반-대학으로 불렸다. 대학은 1968년 5월 그 유명한 학생 폭동 'les evenements' 의 결과로 설립되었다. 그 일에 가타리는 매우 깊게 관여하였다. 가타리는 1968년 들뢰즈를 찾아갔으며 그들은 공동작업을 시작했다. 그것이 바로 「*앙띠 오이디푸스* Anti-Oedipus」(1972)다. 가타리 방식은 들뢰즈 보다는 수완적이지 못했다. 그는 당시에 잡지 *Recherches*에 특별한 문제를 발표함으로써 1973년 '공공 윤리에 대한 폭력 an outrage to public morals' 을 완성했다. 발표된 저작의 제목은 '30억의 변절자들 : 동성애의 백과사전, Three Billion Perverts: Grand Encyclopedia of Homosexualities' 이었다.(Genosko, 2006 참조)

그의 정신의학자로서의 직업적인 생활은 그다지 논쟁적이지 않았다. 그는 실험 임상병리연구소에서 일했다. 그는 폐허가 된 chateau of La Borde에 쟝 오리 Jean Oury와 공동으로 1953년 연구소를 설립하였다. 그 저택이 있는 곳은 파리 남쪽으로 100km가량 떨어진 곳으로서 르와르 에 셰르 Loire-et-Cher의 꾸르 쉐베리니 Cour-Cheverny였다. 그들은 그곳에서 환자들에게 진정제를 놓아 수동적인 상태로 생활하기 보다는 오히려 많은 자유를 제공하고자 하였다. 들뢰즈와 가타리가 함께 일하게 되었을 때, 그들은 그들 서로의 역할이 구분된 상황에도 불구하고, 결코 분리할 수 없는 무엇인가를 그들 자신이 스스로 함께 하고 있다는 것을 발견했다.

> 공동 저술의 기술적인 측면에 관하여, 둘이 된다는 것은 우리에게 사실 큰 문제가 되지 않았다. 그것은 우리가 깨닫게 된 바와 같이, 서로 정확한 역할을 제공하는 것이었다. 정신병리학 혹은 정신분석학에 관한 책이라는 한 가지 사실은 꽤 놀라운 것이었다. 문제가 되는 것은 진위가 의심스러운 정신병 환자들이 말하는 것과 의사들이 만드는 보고서 사이에 존재하는, 널리 만연하고 있는 이중성이었다. 그것은 어떠한 사례와 사례에 대한 논평 사이에 존재하는 이중성이기도 했다. 오늘날 우리는 조금도 광인들에 관한 책을 썼다고 생각하지 않는다. 우리는 더 이상 알려지지 않는 것에 관하여 그리고 우리가 알아야 할 필요가 있는 것을 기록한 책을 썼다. 누군가는 이야기 하고 있을 것이다. 그것이 의사이든 환자이든 혹은 어떠한 현재, 과거 혹은 미래의 광인이 이야기 하든지 간에. 우리가 이

러한 전통적인 이중성을 넘어서 무엇인가를 얻고자 노력하였다는 것은 충분이 이상하게 보일 수 있다. 왜냐하면 이야기하는 우리들도 둘이기 때문이다. 우리 중 누구도 광인은 아니다. 그리고 의사도 아니었다. 우리가 정신병리학 담당의와 그의 정신병 환자로서 혹은 정신병 환자와 그의 정신병리학 담당의로서 축소하여 버릴 수 없는 어떠한 과정들을 드러내 보이려고 한다면, 우리는 오로지 둘로서 존재해야만 했다. (Deleuze, 2004, 218-19)[3]

가타리는 이야기를 잘하는 사람이었다. 그러나 그의 생각을 글로서 정리해서 옮기기 위해서는 협력자가 필요했다. 철학적인 개념들을 통하여 이루어진 들뢰즈의 세심하고 논리적인 작업은 가타리의 숙련된 능력을 보충해주었다. 그러면서도 그들 둘은 자유와 삶과 행복을 진작시키고자 하는 막연한 방향성을 공유하고 있었다. 들뢰즈와 가타리는 관료정치와 정부 그리고 듬직한 양떼와 같은 시민들에게 반복하여 교육하여 주입시킨 사유의 방식들에 의하여 자유, 삶, 행복이 질식사하고 있다는 것을 발견하였다. 예를 들어 가타리는 권력으로부터 관료정치로, 관료정치에서 정치적 투사들로, 정치적 투사에서 대중 집단 자신에게 연속적인 단계로 작용하는 무의식적 공모, 억압의 내재화를 확인하였다. 이러한 사실은 우리가 1968년 5월 이후 목격하였던 것이었다.(Deleuze, 2002, 217) 요점은 들뢰즈가 스피노자에게 발견한 무엇인가를 정확히 되풀이 한다. 그가 가타리에게서 발견한 것은 멈추지 않는 에너지였다.

펠릭스는 항상 복수적 차원들을 소유하고 있었다. 그는 병리학자로서 혹은 정치적으로 많은 다른 활동들에 참여하고 있었다. 그는 많은 단체 활동을 유지했다. 그는 별 star과 같이 그룹의 구심점 역할을 했다. 그렇지 않았다면, 아마도 나는 그를 바다 sea에 비유했을 것이다. 그는 항상 움직이고 있는 것으로 보였으며 정신적인 빛으로 번쩍이고 있었다. 그는 하나의 활동에서 다른 활동으로 훌쩍 넘어갈 수 있었다. 그는 잠을 그다지 많이 자지 않았으며, 여행을 하며 결코 멈추는 법이 없었다. 나는 오히려 산과 같았다. 나는 그다지 많이 움직이지 않았다. 나는 두 개의 작업을 동시에 해낼 수가 없었다. 나는 나의 상념들에 붙잡혀 있었고 내가 가지고 있는 많지 않은 활동도 내적인 것이었다. 나는 혼자 글쓰기를 좋아했다. 나는 세미나를 제외하고 담화가 다른 목적으로 이루어질 때는 많이 이야기

하는 것을 좋아하지 않았다. 펠릭스와 나는 함께 하나의 훌륭한 쓰모 선수를 만들어 냈다. (Deleuze, 2003, 237)

들뢰즈와 가타리는 누구인가 ? 이야기를 통해서 보자면, 그들은 쓰모 레슬러였다. 그들은 격정적인 바다이고 천천히 움직이는 산이었다. 그들은 공통의 감각이 가진 확고한 경계를 해체하여 어떠한 가능성들에 의하여 더욱 모호하고 직관적인 무엇인가를 만들고자 하는 의도를 지니고 있었다. 그것들은 우리가 우리를 형성시켜왔던 억압을 제거해 나갈 때 가질 수 있을 희망에 대한 즐거운 확신이었다. 또한 부과된 아이덴티티와 선입견, 위도와 경도(폭과 깊이 : 스피드, 밀도, 작용들)의 융해였다. 그러한 비꼬는 듯한 미소와 반짝이는 눈으로 목적에 도달하기 위하여 그들은 기꺼이 공통의 감각이 갖는 형식들을 채택하여 훌륭한 회합을 이끌어 낼 것이다. 결국 그것, 마치 다른 사람처럼 이야기 하는 것은 훌륭한 일이 될 것이다.

chapter 2

기계들

군비(群飛)

모든 저술의 기계들 Machines은 「*앙띠 오이디푸스*」의 시작 페이지를 가로질러 떼를 지어 모인다. 더 많은 서술의 기계들을 이미 우리가 직면하였으며, 그 기계들은 그들 스스로 결합하고 다른 곳에 결속하고 작동하고 연결되고 단속되고 열을 내고 숨쉬고 생성하기 시작한다.

> 식욕부진에 시달리는 입은 너 댓의 작용들 사이에서 동요한다. 그 소유자는 그것이 먹기 위한 기계인지 혹은 배설의 기계인지, 말하는 기계인지, 천식에 의하여 숨쉬는 기계인지에 관하여 확신할 수 없다. 우리는 모두 스스로 움직여야하기 때문에, 그 각각은 모두 작은 기계들로 이루어져 있다. 모든 기관의 기계들에게 있어서 에너지를 생산하는 기계이므로 언제나 에너지를 생산하지만 휴식하기도 한다. 슈래버 판사 Schreber(정신병을 앓았던 독일의 재판관 Daniel Paul Schreber)는 항문에 빛을 지니고 있었다. 태양의 항문이었다. 그리고 휴식은 그 작동을 보증하는 것이었다. 슈레버 판사는 무엇인가를 느끼고 생산하고 그러한 과정들을 이론적으로 설명할 수가 있었다. 무엇인가가 생산된 것이다. 그것은 기계의 효과들이다. 그것은 메타포 metaphors가 아니다.(Deleuze and Guattari, 1972, 1-2)

그 텍스트는 어떠한 악명을 지니고 있다. 들뢰즈는 말했다. '펠릭스는 우리의 책이 지금 7살에서 15살 사이의 사람들에게 전해질 것이라고 생각했다.' 또 '이상적으로는 그렇지만, 중요한 이유는 책은 여전히 너무나 어렵기 때문이고 또 지나치게 교양적이며 너무나 많은 타협들을 갈아냈기 때문이다. 우리는 이 책을 더 분명하고 더 직접적으로 만들어 낼 수가 없다. 그러나 나는 첫 번째 장에서 이야기 하는 것이 많은 호의적인 독자들이 이야기하기에는 너무나 어렵다지만 어떠한 다른 사전 지식도 요구하지 않는다는 점을 지적해두고 싶다.' (Deleuze, 2002, 220) 이러한 이야기를 가타리는 올바르게 지적하고 있다. 그들의 책에 접근하는 것은 충분히 감수성이 예민한 나이의 사람들에게 이루어질 것이라고 보았다. 그것은 독자들의 확립되어진 사유의 공통 감각이 갖는 패턴들을 깨부수어 버릴 것을 절대적으로 요구하는 것이다. 그리고 우리가 분노하는 것보다도 어떠한 고무적인 것을 발견하고자 한다면, 우리는 그 책이 우리가 알고자 열망하던 새로운 세계를 개진시키고자 전개하는 생각에 대하여 긍정적으로 받아들일 필요가 있다. 그리고 단지 그러한 이유로 섬뜩해할 것만이 아니다. 그것은 아마도 오랫동안 힘을 받아왔던 버퍼(기성세대)보다는 십대들의 특이한 기질에 더욱 그러할 것이다. 그럼에도 불구하고, 위 글에 언급한 바와 같이, 분명한 것은 텍스트에 조금 더 부드럽고 부모처럼 조언할 수 있는 충고와 경계가 필요하다는 것이다. 그 글은 암시로 가득 차 있었다. 태양의 항문은 조르쥬 바타이유 Georges Bataille에 의하여 쓰여진 초월적이며 웅변적인 텍스트를 참조할 수 있을 것이다. 그것은 일순간의 암시이며 바타이유의 글을 읽고 난 후에 조차도, 왜 암시가 그렇게 만들어 졌는가에 대하여 그다지 분명하지 않은 것이다. 아마도 텍스트는 그 당시에는 현실적이지 않고 공허한 것이었거나. 혹은 아마도 들뢰즈와 가타리는 바타이유의 글을 읽었기 때문일 것이다.

. . . 그러한 지구의 자전은 성적인 결합의 피스톤들을 작동하게 하는 것이다.

아마도 그들은 그러했을 것이다. 왜냐하면 이후 바타이유의 「*The Accursed Share*」(1949)에서 암시는 더욱 진지한 목적으로 사용되었기 때문이다. 그렇지만, 여러분은 아마도 「*Anti-Oedipus*」의 문맥에서 신체로서 그리고 기계로서의 태양을 발견할 수 있을 것이다. 바타이유의 텍스트에서 이미지들 가운데 하나는 「*Anti-Oedipus*」와 매우 강하게 공명한다. 그

다. 우리는 신체에 관한 질문을 할 수도 있고 삶에 관한 질문을 할 수도 있다. 우리는 그들에게 도시적 공간 혹은 구릉의 시야에 관하여 물어볼 수 있다. 들뢰즈와 가타리의 신체에 관한 정의를 기억하자. '그것은 동물, 소리, 지성, 혹은 이데아가 될 수도 있다. 언어학적인 신체가 될 수도 있고 사회적인 신체, 집합체일 수 있다.' 우리는 목재 판자에 관하여 혹은 강재 거더에 관하여 질문할 수 있다. 하나의 기계의 생산물은 다른 기계의 가공하지 않은 재료다. 만약 우리가 목재 판자를 가지고 '그것은 작동하는가 ? 우리는 그것으로 무엇을 할 수 있는가 ? 라고 묻는다, 그때에는 한 종류의 해답을 얻게 될 것이다. 그러나 우리가 나무에 관하여 세 가지 질문을 한다면, 그때에는 우리자신이 판자로 무슨 작업을 시작할지 찾을 필요가 없다. 그러나 만약 우리가 건설업자의 거래인 상점의 공급업자에게 질문을 한다면, 그때에는 분명하게 판자로 무엇을 할지에 관한 좋은 아이디어를 얻을 것이다.

스피노자가 가르친 바와 같이, 모든 사물은 모든 다른 사물과 연관되어 있다. 그리고 아이덴티티의 경계는 상호작용과 규정에 의하여 형성된다. 그러한 요소들이 뼈대를 형성한다. 이 뼈대는 우리가 그 과정을 인식하든지 아니든지 상관없이 구조화된다. 그것은 타고난 것이 아니며 단지 자기 확신에 의한 것이다. 우리는 그것을 흄의 사례에서 확인하였다. 그러나 우리가 공통의 감각에 깊이 빠져 있다면, 우리는 그것을 원래 그러한 것이라고만 여길 것이다. 이상하게 자각하고 있는 듬직한 양떼들이 그것이 자유일 것이라고 생각하는 것처럼. '정신분열증 경험들이라고 하는 것 . . . 생산의 과정으로서 본질인 것이다.' 라고 들뢰즈와 가타리는 이야기 했다.

어떠한 수준에서 자연과 산업화는 두 가지 분리된 분명한 사태라는 것은 틀림없는 사실로 보인다. 한쪽 측면에서 보자면, 산업화는 자연의 대립적인 것이다. 또 다른 측면에서는 산업화는 자연으로부터 순수한 자원들을 추출한다. 또 다른 측면에서 그 폐기물을 자연으로 돌려보낸다. 그리고 그 과정은 반복되어 진행된다. 사회 내에서도 이러한 속성들을 가진 인간 – 자연, 산업화 – 자연, 사회 – 자연

> 등의 관계가 상대적으로 독립적인 영역들, 즉 생산, 분배, 소비로 불리는 영역들의 분리를 만들어 내는 원인이 되고 있다. 그러나 표면적으로 구조적인 시각에서 관찰해 본다면, 일반적으로 이러한 총체적인 수준의 차이들은 맑스 Marx가 증명한 것처럼 자본의 존재와 노동의 분배 뿐 아니라 자본가가 필연적으로 그 모든 것을 획득하고 모든 생산과정에서 고정된 것으로 가정하는 요소들 전부를 획득한다는 잘못된 인식을 미리 전제하고 있는 것이다. 그렇다면 문제의 실질적인 진실 즉, 그런 헛소리 안에 숨어 있는 명백하고 있는 그대로의 진실은, 상대적으로 독립된 영역과 순환계라고 할 수 있는 것은 도무지 없다는 것이다. (Deleuze and Guattari, 1972, 3-4)

정신분열증적 경험들이라고 하는 것 . . . 생산의 과정으로서 본질인 것이다.

18세기 후반 아담 스미스 Adam Smith는 생산에 있어서 획기적인 증가를 위하여 특수화된 작업들의 노동의 분업이 어떻게 이루어져야 하는가에 대한 방식들에 관심을 가졌다. 그 즈음, 19세기에 이르러 칼 맑스 Karl Marx는 이러한 교훈들이 산업 생산에 있어서 철저하게 영향을 미칠 것이라고 쓰고 있었다. 그래서 생산을 가능하게 하는 많은 작업들은 기계들 machines, machinique에 의하여 운용될 수 있을 것이며 그 기계들은 사람들에 의하여 조정될 것이고 전체 공정에서 노동자의 입지는 전혀 찾아볼 수 없을 것이라고 썼다.(여기에서 기계 machines는 일반적인 의미의 단어이다. 들뢰즈와 가타리는 그러한 기계들을 '기계장치 technical-machines, mécanique' 라고 불렀다.) 원래는 항상 지니고 있었을 광범위한 반감들에 대한 책임감은 전혀 느낄 필요가 없이 정해진 일상적인 작업을 수행하는 것이 쉽게 가능해 질 것이다. 누군가는 살기 위해 벌어야 한다. 만약 내가 그것을 하지 않는다면, 누군가 그 일을 할 것이다. 도대체 내가 어떻게 이 상황을 알 수 있었겠는가?

총체로서 기계는 사막을 생산하고 있다고 할 것이다. 그 사막은 과거에는 숲이 있었다. 그러나 그 기계 속에서 개인은 아마도 그러한 방식에 따라서 숲을 벗어나서도 잘 살아갈 것이다. 그리고 그 상황의 이상적인 논리에 응답하고 있다고 느낄 것이다.

들뢰즈와 가타리가 맑스로부터 배운 교훈 중 한 가지는 생산을 개인들 사이에 혹은 개인들을 가로질러 일어나는 무엇인가로 여기는 것이다. 더 나은 결과에 대한 책임을 질 필요를 아무도 느끼지 않는 일이 벌어질 때가 올 수도 있다는 점이다. 만약 내가 단지 클라이언트가 원하는 것만을 하는 건축가라면, 그때에는 나는 혹은 그 누구인가는 책임을 다한 것인가 ? 그리고 만약 클라이언트가 소비시장이 바라는 것만을 원할 뿐이라면, 그때에는 분명 클라이언트가 다른 투자자들에게 책임을 지게 된다. 그러므로 최소한의 한계에 대한 고려가 필요하다. 즉, 큰 이익과 작은 이익 혹은 이익 혹은 손실. 물론 우리는 이익을 얻길 원한다. 그리고 투자자들은 탐욕스러운 자본가들처럼 단순하게 성격지울 수 있는 것이 아니다. 왜냐하면 오늘날 중요한 투자자들은 연금과 같은 기금운용공사이기 때문이다. 그들은 그들의 투자로부터 훌륭한 보상을 얻기를 원하고 확인받고자 한다. 그래야만 그러한 기금에 의존하는 나이가 든 사람들이 삶의 적절한 수준을 유지할 수 있는 것이다. 그러므로 만약 사업이 이익을 남길 수 있도록 운영되지 못한다면, 노인들은 그들의 돈을 날려버리고 마는 것이며 또 그들은 투자를 다른 곳으로 돌릴 것이다.
모든 사람들이 이성적인 결정을 하고 있을 수도 있다. 그리고 여전히 그 결과는 어떠한 장소에 대하여 가장 탐욕스러운 상업적인 개발이 될 것이다. 총체로서 기계는 사막을 생산하고 있다고 할 것이다. 그 사막은 과거에는 숲이 있었다. 그러나 그 기계 속에서 개인은 아마도 그러한 방식에 따라서 숲을 벗어나서도 잘 살아갈 것이다. 그리고 그 상황의 이상적인 논리에 응답하고 있다고 느낄 것이다. 우리는 어떠한 행동을 취하기 위하여 정부기관과 같은 더 고차원적인 권력을 기대할 것이다. 그러나 만약 그러한 결정이 일을 잘 진행하고 있는 모든 사람에게 그다지 좋은 여론을 얻지 못한다면,

일단 기계들이 모인다면, 기계들은 아이덴티티를 가질 것이다.
그리고 그들 나름의 생명을 얻을 것이다.

그리고 그러한 사람들에게 의존하고 있는 사람들에게 좋은 여론을 얻지 못한다면, 그 정부는 아마도 제거될 것이다.

기계들의 책

이 책은 유기체적 기계로서의 시각이 가지는 놀랍고도 분명한 목적을 지닌 폭로를 감행하면서 찾아낸 사유이다. 바로 버틀러 Samuel Butler에 의한 심오한 텍스트 「*기계들의 책* The Book of the Machines」이다.(Deleuze and Guattari, 1972, 284) 「*앙띠 오이디푸스*」에 관하여 참조하고 인용한 모든 저작들 가운데 이 책은 가장 많은 분량을 직접적으로 인용한 책이다. 무려 264페이지가 넘는다. 그리고 그것은 모두 다 통독할만한 것이다.[4] 버틀러의 요지는 기계들은 그들 나름의 생명력을 갖는다는 것이다. 그들이 유기적이 아니라는 사실은 그러한 요지와는 무관한 것이다. '붉은 클로버는 그들 나름의 재생산 시스템을 가지지 못했다고 어느 누가 이야기하는가 ? 왜냐하면 뒝벌들이 분명히 붉은 클로버의 화분을 돕고 재생산할 수 있도록 자극하지 않는가 ? 우리들 중 아무도 우리 자신의 실체와는 완전히 다른 총체를 지닌 미세한 극미동물로부터 펼쳐나온 것이 아니다. 이러한 창조물들은 우리의 재생산 시스템의 부분일 뿐이다. 그러므로 왜 우리가 기계들의, 그 무엇의 부분이 아니겠는가 ? (Butler, in Deleuze and Guattari, 1972, 285)[5]
들뢰즈와 가타리가 어떠한 강제라는 것과 그것이 반복적으로 적용된다는 것을 발견한 관계는 난초와 장수말벌 사이의 관계인가 ? 더 정확하게 말벌모양 난초 wasp-orchid 그리고 티나인 말벌 Thynnine wasp 사이의 관계인가 ? 난초의 일부분은 말벌 종의 암컷과 매우 비슷하게 진화하였다. 그리고 수컷 말벌이 난초의 부분과 교미하고자 할 때, 수컷은 꽃가루를 몸에 묻히게 된다. 그리고 수컷은 교미를 유혹하는 다른 말벌모양 난초에 꽃가루를 옮기게 된다. 이러한 방식은 영화(2002)로 각색되었을 때 아름답게 보인다. 화면에서는 영상의 두 주인공인 말벌과 그의 쌍둥이 형제인 난초는 서로 구분하기 어려운 것으로 보일 수 있다.(그림 참조)[6] 들뢰즈와 가타리가 말벌과 난초를 언급할 때마다 그들은 항상 우리가 이러한 한 쌍으로 존재하는 것에 대하여 기억할 것을 가정하는 것 같다. 그들의 요지는 그러므로 버틀러의 요지와 같다. 그 둘은 서로 따로 뗄 수 없이 발전된 것이다. 사례는 매우 뛰어난 것이다. 왜냐하면 식물의 형태적 적응이 상호의존성을 매우 분명하게 보여주기 때문이다. 말벌은 분명하고 명확하게 식물의 부분이 된다. 그러므로 바로 그것에서 우리가 그 아이덴티티를 둘러싸는 어떠한 구조적인 틀을 그려야만 하지 않을까? 들뢰즈와 가타리는 아마도 그 선을 그려내는 것에 반대할 것이다. 그 둘은 서로 연관되어 있고 기계로서의 생산 혹은 재생산의 과정에서 부분이 된다. 같은 방식으로 버틀러의 증기 기관, 오늘날의 가장 진보한 기술은 그들의 재생산과 혁신을 위하여 인간적 능력에 의존한다. 그러한 과정들은 기계를 의도하거나 디자인하거나 발전시키고자 하는 엔지니어에게 의존 할뿐만 아니라 기계들이 필요로 하는 연료를 발견하기 위하여 그리

티나인 말벌 Thynnine wasp (neozeleboria ceyptoides)과 말벌모양 난초(chiloglottis trilabra)의 적응 adaptation. (Spike Jonze. 2002)

고 기계들의 분리된 부분이 되는 궤도들을 생산하기 위하여 강철들을 녹이고 지하를 굴착하는 인간에게 의존한다.

기계들은 유기적 그리고 비유기적 부분들로 구성되어 있다. 그 부분들을 함께 작동하여 그 개체의 삶을 구축한다. 그리고 그 힘과 스피드를 생산한다.

기계들은 유기적 그리고 비유기적 부분들로 구성되어 있다. 그 부분들을 함께 작동하여 그 개체의 삶을 구축한다. 그리고 그 힘과 스피드를 생산한다. 오늘날 우리는 우리가 생각하는 것을 돕는 컴퓨터를 사용함으로써 그 어느 때보다도 기계들의 삶에 연관되어 있을 뿐만 아니라 의존하게 된 것으로 보인다. 그러한 기계들이 우리 삶을 작동시키는 것으로 보여질 때가 있을 것이다. 마치 기계들이 우리 삶으로부터 요구들을 강요한다고 여기는 때, 그렇지 않다면 아무도 우리 스스로 필요한 것을 생각해낼 수도 없는 그러한 때가 올지도 모른다. 이렇게 작동하는 흐름의 패턴들은 아크라이트 Richard Arkwright에 의하여 1770년대에 발명된 것이다. 그의 값비싼 면화기계들을 지속적으로 작동시키기 위한 방식이다.(Fitton, 1989) 이 발명은 인간과 기계들 사이의 힘의 균형을 이루는 한계를 넘어 변화하고 있는 것처럼 보인다. 그러한 상황에서 기계들의 요구는 인간의 필요 이상으로 중요하게 평가되어 보인다. 러스킨 Ruskin의 물에 빠진 인간에 관하여 떠올리게 된다. 최근에 캘리포니아 선박의 좌초 사건에서, 여행자중 한사람이 그 허리춤에 2백 파운드의 황금을 달고 있는 것을 좌초 후 선체 밑바닥에서 발견되었다. 이제 그렇다면 그는 가라앉으면서 황금을 소유한 것인가 ? 혹은 황금이 그를 소유한 것인가 ? (Ruskin, 1862, 210)

기계들이 우리를 위하여 작동하는가 혹은 우리가 기계를 위하여 작용하는가 ?

만약 그것이 반대로 다른 방식이라면 우리는 어떻게 이야기할 것인가 ? 그리고 기계들은 호응할 것인가 ?

기계들이 우리를 위하여 작동하는가 혹은 우리가 기계를 위하여 작용하는가 ? 만약 그것이 반대로 다른 방식이라면 우리는 어떻게 이야기할 것인가 ? 그리고 기계들은 호응할 것인가 ? 변화의 작용은 이제 삶의 부분으로 깊이 스며들어 있다. 그리고 실제로 그러한 변화를 어떻게 대처하는가를 설명하는 다양한 웹사이트들이 존재한다. 오늘날 그러한 변화에 대처하는 한 방법은 작업을 전 세계에 널리 서로 다른 시간을 가진 지역으로 분배하는 것이다. 그래서 완수되어야 할 작업이 내가 잠들고 쉬고 있는 동안에도 세계의 반대편에서 신중하게 진행될 수 있도록 한다. 그리고 나는 아침에 일어나서 내가 필요한 정보를 선택할 수 있다. 이러한 사태들 사이에 연결들은 기관과 엔지니어, 말벌과 난초, 분산된 업무 네트워크에서의 노동자들 사이에 매우 탁월한 관계를 창조한다. 오늘날 우리는 통상적으로 네트워크를 통하여 전기통신상으로 결합관계를 창조하고 있기 때문에, 한계적 문제점에 대해서는 그다지 고심할 필요가 없어 졌다. 그러나 그러한 관계들의 중요성을 평가절하해서는 안될 일이다. 새로운 아이덴티티와 신체들이 형성되는 것은 비로 그러한 연결들을 통해서 가능한 것이다.

수목구조의 파괴

들뢰즈와 가타리가 조장하는 특별한 네트워크 구조가 리좀 rhizome이다. 그것은 두 갈래로 나뉠 수 있고 어떠한 지점이든지 새로운 가지를 뻗어 낼 수 있는 식물의 구조이다. 그들은 이 구조를 수목 구조와 대조적으로 사용했다. 수목 구조에서는 모든 것들이 중심의 나무 기둥에서부터 뻗어 나오는 것이지 않은가 ? 작은 가지들은 더 큰 가지로부터 갈라져 나온다. 그러한 방식으로 더 큰 중심 가지로 거슬러 올라간다. 이러한 구조는 하나의 집중된 힘의 이미지로서 다루어진다. 혹은 이미지 이상의 무엇인가로 취급될 수 있다. 그것은 하나의 집중화, 진정한 집중화로부터의 표출의 모델이다. 나무들은 보통 환경적으로 잘 고려되어 훌륭하게 성장한 것으로 여겨진다. 우리가 그러한 나무들을 그렇게 노골적으로 비난하는 것을 발견하면서 놀라게 된다.

. . . 서양 세계에서, 나무는 스스로 우리 신체에 그 자체로 이식되어 왔다.

'나무가 서양세계의 실체를 어떻게 지배해 왔는가'는 미묘한 문제이다. 그리고 그 지배는 서양의 사고 전부, 식물학에서 해부학까지, 또한 지식의 학문 gnosiology, 신학 theology, 모든 철학 즉 근원적인 바닥 Grund, 뿌리 racine, 토대 fondement에까지 이른다. 서양은 숲과 벌채의 특별한 관계를 지녀왔다. 숲으로부터 형성된 토지들은 씨를 뿌려 새로운 식물들로 들어차게 되고 식물들은 경작을 통하여 다시 씨앗을 생산한다. 그것은 수목이 갖는 전형적인 종의 계보에 근거하는 것이다. 사육되는 동물은 개간되지 않는 대지에 방복하고 그 가운데 완전히 동물적 수목형태를 구성하는 혈통의 계보를 선택한다. 동양은 다른 상징적 형식을 만들어 냈다. 숲과 경작지보다는 초원지대 혹은 정원과 연관된 것으로 발전시켰다. 그렇지 않다면 다른 방식으로 사막이나 오아시스에 접근하였다. 그것은 개체의 생물학적인 분양에 의하여 뿌리식물을 경작하는 것이었다. 또 동물 사육의 한계와 통합적 방식은 닫힌 공간으로 한정되지 않으며 유목민의 초원지대와 같이 압박을 금지한다.
동양, 특별히 오세아니아 Oceania는 서양의 수목(樹木)적 모델과 모든 측면에서 대립하는 리좀적 모델과 같은 무엇을 제시하지 않는가? 오드리쿠르 André Haudricourt 조차도 서양에 근접한 초월적 윤리성 혹은 철학과 동양의 내재적인 것들 사이에서 이 점을 대립의 근본적인 기초로 보았다. 씨를 뿌리고 거두는 신은 이식하고 땅에서 채굴하는 신과는 대립하는 것이었다. 가지를 이식하는 것과 씨앗을 심는 것의 대립인 것이다.[7] 초월성 Transcendence는 특별히 유럽의 질병이다. 음악이 모두 그러한 것은 아니다. 성별이 그러하듯 대지의 음악은 다르다. 종자 식물은, 동일한 개체 내에서 두 가지 성별을 가진(암수한몸) 식물 조차도 성적 기능들을 재생산의 모델로서 복종시킨다. 그 반면에, 리좀 식물(땅속줄기)은 재생산의 측면에서나 성적 감각으로부터 성적인 해방을 보여준다. 여기에서 서양에서는, 성별조차도 견고해지고 층위를 형성하면서, 나무는 스스로 우리 신체에 그 자체로 이식되어 왔다. 우리는 리좀 혹은 초원을 잃어버린 것이다.(Deleuze and Guattari, 1980, 18)

그러므로 이러한 사유의 습관들은 일단 우리 나무에 그러한 방식을 심게 되면서부터, 세계 내의 우리의 시각을 장악하고 굴절시킨다. 그리고 사유를 다루는 모든 것을 변화시킨다. 아마도 지금 이 순간부터 어떻게 자본주의와 정신분열증 capitalism and schizophrenia에 관한 연구가 두 저작「*앙띠 오이디푸스* Anti-Oedipus」와「*천개의 고원* A Thousand Plateaus」을 가로질러 삶의 모든 측면에서 수행되었는가를 분명하게 보일 것이다. 그것은 어떠한 교리 혹은 질문들의 총체로서가 아니라 가치들의 총체로서 세워질 것이다. 이 작업은 윤리학적 작업이며 스피노자의 윤리학 Ethics과 강한 연계를 지니고 있다. 또한 초월성 보다는 내재성의 주변을 토대로 하는 연구이다.「*앙띠 오이디푸스*」의 시작에서 매우 두르러지게 구체화되고 있는 '욕망하는 기계 desiring-machines' 는 욕망들에 대한 인식이 없이 작동하며, 단지 우리가 인지하는 욕망 자체를 생산하기 위하여 작동한다. 그리고 우리가 영향을 미치고자 하는 욕망을 생산하기 위하여 작동한다. 그러나 인식을 생산하기 위하여 작동하는 메커니즘으로서 기계는 다른 방향으로 끌어당겨진다. 그리고 양립할 수 없는 욕망들을 생산할 수도 있다. 그렇게 생산되는 욕망들은 전(前)의식적인 수준에서 해결될 수 있을 것이다. 혹은 갈등을 지닌 인식 가능한 욕망들로서 표면화될 것이다.

<u>그것은 어떠한 교리 혹은 질문들의 총체로서가 아니라 가치들의 총체로서 세워질 것이다. 이 작업은 윤리학적 작업이다.</u>

이러한 메커니즘의 수천가지에 대하여 또 수천가지가 존재한다. 그 메커니즘은 오직 그들이 지각의 수준에 접근할 수 있는 어떠한 작용들을 생산함으로써만 지각될 수 있다. 그리고 그러한 메커니즘들 사이에서 지속적으로 작용하는 것이 미시정치학이다. 그것은 리좀적 연계의 수천가지 지류의 수천가지 지류들이다. 연계가 멈춰서야할 어떠한 한계도 지니고

있지 않으며 중심이 되는 수목형태의 축을 통하여 통과하여야 하는 어떠한 필요도 가지고 있지 않다. 작용의 범위는 전(前)의식적이고 내재적인 개인으로서 결정된다. 그러한 개인은 이미 욕망하는 기계들 desiring-machines의 군집이며 사회적 집단이며 혹은 군중이다. 그 안에서 연관된 사람들의 어떠한 측면들은 서로 함께 연계되어 다수적인 아이덴티티 crowd-identity를 생산한다. 그 아이덴티티는 집단 속에서 다른 개인들의 아이덴티티가 가진 그 무엇과는 다른 것이다. 군중은 개별적인 사람이 창조할 수 없는 것을 만들어 낸다.(Canetti, 1973)
개개인이 군중이 되는 것과 마찬가지로 욕망하는 기계들은 개인으로 확장된다. 그와 다르게, 개인들의 욕망하는 기계들 desiring-machines로 이루어진 집단 mass를 확신한다고 이야기할 수 있다. 그러한 경우를 제외한다면, 기계들은 군중 crowds 속에서 한데 결합됨으로써, 집단적 아이덴티티를 생산하기위하여 동시에 작용할 수 있음을 알게 된다. 이 군중은 하나의 신체 a body이다. 독자적으로 개별적인 작용으로 역할하게 되는 메커니즘들의 일부는 다소간 전체 순환으로부터 제외된다. 그리고 군중과 무관해 진다. 그러한 순환에서 벗어나 있었기 때문에 어떠한 메커니즘은 군중의 행위들 내에 더 이상 존재하지 않는다. 그렇게 됨으로써, 고립된 개인 individual의 감각은 더욱 더 문제화된다. 우리는 그러한 감각을 분명히 구분되는 것으로 확인할 수 있다. 그러나 개인의 사고는 언어 속에 깊이 각인되어 있다. 그리고 만약 우리가 우리 자신을 설명하고자 한다면, 그 설명은 우리가 사용하고 있는 가장 직접적인 어휘임을 알게 될 것이다. 그리고 우리가 타인들과 어떠한 연계를 만들고자 한다면, 때때로 스스로에게 다른 사람들이 이야기하는 것처럼 이야기하도록 내버려 둘 필요가 있다. 우리가 들뢰즈와 가타리를 따라서 그들의 세계로 가면 갈수록, 점점 그렇게 따라가기가 어려워질 것이며 각각의 목적을 지닌 직접적인 언명들은 다른 시각에서 보자면 부정확한 측면을 가진 것으로 보일 것이다.

추상기계

들뢰즈와 가타리의 사유의 방식은 모든 실제적인 상층에 존재한다. ('어떠한 기계가 주어진다면 그것은 어디에 쓰일 것인가 Given a certain machine, what can it be used for?' 1972, 3) 그러나 그들은 좀 더 높은 수준의 보편성을 목적으로 한다. 만약 나의 심리가 상호 연계된 욕망하는 기계들의 무리로부터 생산하는 방식에서 그리고 군중 심리가 어떠한 개인들의 결합 내에서 형성할 수 있는 방식에서 동일한 패턴을 인식한다면, 그때에는 나는 두 경우에서 동일하게 작용하는 동일한 메커니즘이 있다는 견해를 가질 수 있다. 여기에서 중요한 사실은 이러한 작용을 생산하는 것이 메커니즘 mechanism(혹은 기계 machine)이다. 어떠한 실재하는 사태가 작용하고 있고 그 사태가 이러한 영향들을 생산하지만 실은 그것은 추상적이다. 그것은 누군가 우연히 마주치거나 들었던 적이 있는 다른 사람들과 특별한 군중들에게서 구체화된다. 예를 들어 낭만적인 정감을 불러일으킴으로써, 혹은 지루하지만 필요하다고 느끼는 작업들에 집중할 수 없게 됨으로써, 우리가 충동적으로 행동하거나 비이성적으로 행동할 때, 우리는 우리 자신에서 그러한 추상 기계를 주목할 것이다. 아에네아스 Aeneas가 여왕을 떠난 후, 고대 카르타고 Carthage의 여왕인 디도 Dido가 자실을 시도했다. 차분하게 이성적 시각에서 보자면, 그것은 지각없는 행동이었다. 그녀가 누군가와 그 일을 논의했다면 자신의 목숨을 구했을 것이다. 비록 그녀의 로맨틱한 평판은 사라졌을지라도 말이다. 샬롱 Châlons의 야만적 여인은 그녀의 자매를 먹어치우려고 한 것은 아니다. 그러나 그녀는 스스로 그것을 피할 수는 없었다. (Ballantyne, 2005, 112)

샬롱 Châons의 야만적 여인은 그녀의 자매를 먹어치우려고 한 것은 아니다. 그러나 그녀는 스스로 그것을 피할 수는 없었다.

군중들은 개개인이 거의 하지 않는 방식으로 통제 불능 상태가 될 수 있다. 그것은 축구경기장의 군중이나 나찌 모임 혹은 술에 취한 집단들에 상관없다. 그들은 열광적으로 흥분하고 오르페우스 Orpheus의 사지를 찢어버리고 만다. 사례는 너무나 많다. 그러나 메커니즘은 명백하게 일치한다. 어떠한 정치적 술책이 다양한 부분들 사이에 연계를 만들고자 작동한다. 또 흩어져 있는 정치적 술책들, 군중들의 멈출 수 없는 의지 혹은 통제 불가능한 충동이 작동하는 것이다. 비록 다른 부분들은 다른 성향들을 가지고 있다손 치더라도 말이다. 마치 플라톤이 그의 형태 이론에서 논의하였듯이, 추상 기계가 특별한 경우에 그 구체화에 앞서 어떠한 방식으로든 존재한다는 생각에 대하여, 들뢰즈와 가타리는 특히 반대했다. (Deleuze and Guattari, 1980, 510) 추상 기계는 언제나 그 실례로서 구체화된다. 하나의 사례에서 다른 사례로 이어지는 것이다.

내재성

이중적 대립, 내재성과 초월성의 대립은 이미 언급하였다. 그것은 들뢰즈와 가타리의 작업에서 중요한 테마로서 나타난다. 내재하는 속성들 immanent properties은 사물에 내재한다. 그리고 비록 그 속성이 속성들을 구분하기 위하여 특별한 환경을 가질 수 있다고 해도, 처음부터 쭉 그곳에 있다. 초월적 속성은 외부로부터 생성된다. 일반적으로 신성으로부터 혹은 정신적 세계로부터 생성된다. 어느 여름 나는 추수 이후의 벌판에 있었다. 그 때는 전에 없이 날씨가 무덥던 때였다. 들판은 볏짚과 그루터기로 온통 덮여 있었고 먼지투성이의 건조한 이파리들이 바스러졌다. 바람 한 점 없었고 뜨거운 공기만 널려 있었다. 1 마력짜리 탈곡 기계와 시골 춤이 전개되고 있었다. 그러나 그것은 너무나 힘든 더위였다. 그래서 모든 것이 그 절반도 마음에 와 닿지 않았다.

먼지투성이 이파리가 움직이면서 어떠한 형상을 구체화하려는 것으로 보였다. 그것들은 대지를 가로질러, 어떠한 목적을 향하여,

길고 매우 곧은 직선을 만들었다.

왜냐하면 모든 사람들이 알고 있었기 때문이다. 그들은 정말이지 차가운 음료수와 함께 그늘에서 앉아 쉬고 싶어 했을 것이다. 태양은 잔혹하게도 내리쬐고 있었다, 그리고 대지의 표면은 너무나 뜨거웠다. 무언가가 나의 눈을 사로잡았다. 먼지투성이 이파리가 움직이면서 어떠한 형상을 구체화하려는 것으로 보였다. 그것들은 대지를 가로질러, 한쪽 끝이 솟아오르며, 길고 매우 곧은 직선을 만들었다. 그것은 한쪽 솟아오르는 끝이 매우 닳아 헤어진 밧줄처럼 보이기도 했다. 그것은 대지를 가로지르기 시작했다. 그리고 점점 수직상태로 변해갔다. 그리고 이제는 그것을 작은 토네이도라는 것을 분명히 확인할 수 있게 되었다. 그것은 그 형태를 유지했다. 부서져 갈라진 식물들의 파편으로 만들어진 수직적인 기둥은 아마도 6미터는 됨직했다. 대지에 닿은 그 한 자락은 강력하게 그 곳의 나무 잎사귀들을 흔들고 있었다. 그리고 흔적도 없이 날려버렸다. 나무의 잎사귀들은 다시 잠잠해졌다. 그리고 태양이 작열했다. 그곳에 있는 그 누구도 어떤 일이 일어났는가를 알지 못했다.

잠시 동안 어떤 장소에서 기후조건의 결과로 이러한 소규모의 토네이도를 충분히 볼 수 있나. 나는 그러한 사태가 일어나는 방식으로부터, 대기 중에 대류의 흐름들이 존재해 왔음이 분명하다는 것을 유추한다. 물이 하수구를 내려갈 때 회전하여 회오리치는 것과 분명히 같은 이유 때문에, 그러한 대류의 흐름이 회전하기 시작하면서 강한 수직적 흐름을 만들게 되는 것이다. 아마도 이러한 사태는 항상 일어나고 있을 것이다. 그리고 아무도 주의를 기울이지 않는다. 그것이 현상이 상황에 내재한다는 설명이 될 것이다. 이와는 반대로, 타르코프스키 Andrei Tarkovsky의 영화 「거울 Mirror」(1975)을 보았다면, 나는 아마도 나무들로 둘러싸인 길게 자란 잔디가 깔린 대지가 갑작스럽게 설명도 할 수없이 바람에 휩쓸리는 장면을 보게 되었을 것이다. 그리고 그 바람은 그 장면을 난폭하게 뒤흔들고는 가버린다. 거기에는 아무런 설명도 없다. 우리가 그 장면에 대하여 무엇을 생각할지에 관하여 아무것도 듣지 못한다. 그러나 어쩐지 누군가 그 장면은 정신적으로 중요성을 갖고 있다는 그러한 감각을 가지게 될 것이다. 그리고 어떠한 종류의 고난이 있어왔음을 느낄 것이다. 그것은 어떠한 초월적인 설명이다. 그것은 영화의 초월적 표현의 훌륭한 사례이다.(Loughlin, 2003).

... 어쩐지 누군가 그 장면은 정신적으로 중요성을 갖고 있다는 그러한 감각을 가지게 될 것이다. 그리고 어떠한 종류의 고난이 있었음을 느낄 것이다.

어찌되었든 그것은 내가 작은 돌풍을 목격하였을 때, 도달하였던 설명이 아니다. 이것은 아마도 자연적인 상황들에도 불구하고, 영화 「*거울* Mirror」에서의 사건은 너무나 예상치 못한 것이고 강력한 것이므로 마치 초자연적으로 보이기 때문이다. 그러한 상태는 헬리콥터의 하강기류에 의하여 생겨난 것이다. 누군가 DVD에서 영화의 이미지에 아무 곳에서도 구체화되지 않는 부차적인 소재에 그리고 헬리콥터의 그림자에 주의를 집중함으로써 그것을 발견하게 될 것이다. 헬리콥터 자체는 촬영 화면을 벗어나서 존재한다. 그러나 헬리콥터가 만들어내는 소음은 자연의 바람이 내는 음향을 대신하여 필름의 사운드 트랙에 자리잡을 것이다. 그러므로 사실은 상영에 초월적인 작용이 존재한다. 영화제작자의 손에서 기계장치의 신 deus ex machina으로서 작용하는 초월적인 작용이 존재한다.

스피노자는 암스테르담의 유태인 공동체에 의하여 파문당했다. 왜냐하면 그는 신 God이 자연에 내재한다고 이야기했기 때문이었다. 그러므로 그는 내재성의 사고와 깊은 연관이 있다. 그리고 이점이 바로 왜 때때로 들뢰즈와 가티리가 그들을 스스로 스피노자주의자 Spinozists라고 부르고자 하는가에 대한 답이다. 자연과학은 '발생 emergence' 을 설명할 때, 내재성에 관하여 논의한다. 발생의 속성들은 작동을 가능하게 할 때, 하나의 시스템 속에서 진전된다. 그리고 속성들이 발생되기 위한 초기 시작 상태로 프로그램 되었던 것처럼 보이지 않는, 즉 예상하지 못한 속성일 때 흥미로운 것이 된다. 그러므로 내재성과 발생은 동일한 과정의 다른 측면인 것이다. 그것은 발생적 속성들의 총체를 결과물의 총체에 연관시켜주는 과정이다.

예를 들어, 점액성 균류의 더미, 구별할 수 있는 뇌를 지니지 않은 아메바와 같은 유기체는, 비록 개별적인 아메바는 그러한 작업을 해낼 수 없다고 하더라도, 얼마간 혼란을 겪은 후 가장 짧은 통로를 찾아낼 수 있다. 그러한 집단적인 행위들에서 볼 수 있는 것처럼, 어떻게든지 하여 그들이 작용하는 것이 가능해진다. 점액상 균류가 어디로인가 흘러갈 수 있도록 어떠한 초자연적이거나 영혼의 안내가 있어서가 아닌 것이다. 그러한 작용들은 오직 전기적으로 모형화될 수 있다. 그리고 전기적인 모델의 아름다움은 바로 생성하는 속성들을 만들어 냈는가를 정확히 알 수 있게 하는 것이다. 그 유기체가 할 수 있는 것은 매우 한정된 감각기관의 장치들을 통하여 그들에게 작용하는 자극들에 대한 반작용이다. 그것은 특별히 그들을 둘러싼 다른 유형이 점액성 유기체로부터의 자극에 반응한다.

<u>점액성 균들의 더미, 구별할 수 있는 뇌를 지니지 않은 아메바와 같은 유기체는 비록 개별적인 아메바는 그러한 작업을 해낼 수 없다고 하더라도, 얼마간 혼란을 통하여 가장 짧은 통로를 찾아낼 수 있다.</u>

개별적으로 그러한 유기체는 사고 think와 동등한 작용을 아무것도 할 수 없다. 그러나 집단적으로 그러한 작용을 한다.(Johnson, 2001, 11-17) 뇌는 이러한 방식과 거의 동등한, 유사성을 갖는 어떠한 방식으로 작동한다고 볼 수 있다. 마치 민스키 Marvin Minsky의 저서, 「*마음의 사회* The Society of Mind」(1985)의 표제로부터 분명히 확인할 수 있다. 민스키의 작업은 바

로 인공지능에 관한 것이었다.

우리는 모두 우리가 사고thoughts라고 부를 수 없는, 인지하지 않는 신체적인 응답들에까지 정치적이다.

그리고 이 책에서 그는 엄청나게 많은 사실들이 함께 연결되어 있을 때, 놀랍게도 단순한 총체적 결정의 생산 혹은 인지의 변화과정을 제시한다. 그러한 과정은 우리 뇌가 사고하는 것 thinking과 같은 무엇을 함으로써 분명히 처리할 수 있는 것이다. 더 최근의 책, 「*감정의 기계* The Emotion Machine」(Minsky, 2006)에서 사고 thinking를 더 멀리까지 확장해 나갔다. 그는 말하기를, 인간은 감정의 기계이며 아마도 컴퓨터도 그럴 수 있을 것이라고 했다. 개별적이 되는 것과는 달리 우리 마음은 이미 복수적이며 사회의 어떠한 유형과도 같이 공동으로 작동한다. 우리는 모두 우리가 사고 thoughts라고 부를 수 없는 인지하지 않는 신체적인 응답들에까지 정치적이다. 그리고 그러한 반응들을 진작시키는 우리 신체 외부에 존재할 수 있는 사물들에까지 정치적이다.

네트워크 Network

1970년대 초반[8] 그들이 작업할 당시, 상호결합의 거대한 네트워크에 관한 사고에 관하여 매우 탁월한 사유를 제시함으로써 들뢰즈와 가타리는 인터넷과 같은 문화적인 중요성이 증가하고 있는 상황에서 초미의 관심사를 개진하는데 가장 앞서 있었다. 그들은 특히 1980년대부터 매우 대중적인 인기를 얻게 되었다. 그들의 사고는 매우 불가해한 것으로부터 일상생활의 매우 분명한 부분으로 움직여갔다. 마치 세계와의 연계들을 갖는 어떠한 집단이 우리에게 점점 분명해지는 것과 마찬가지로, 그러한 연관을 통하여 부분적으로 우리의 아이덴티티를 구축했다. 국제적인 정치적 범위에서 집중화된 수목적 구조에 반대하는 경고들이 받아들여졌다. 전기통신의 네트워크의 영향은 국지적 수준에서 강력한 힘을 제공하고 유용한 것으로서 널리 경험되었다.

들뢰즈와 가타리의 가치를 두드러지게 하는 것은 '인터넷과 같은 네트워크가 거대 스케일의 네트워크와 신체의 네트워크를 연계하는 것이며 그리고 신체들 사이에 네트워크를 연계한다' 는 사실이다. 그럼으로써 우리는 어떠한 ' 기질과 아이덴티티와 같은 것들' 을 '근본적 여건으로서 내재하고 있는 기계들의 결과물로서 유출되는 속성 emergent properties' 으로 이해하기 시작한 것이다. 사태, 환경, 유출된 인식 모두는 서로를 가로질러 연계되어 무엇인가로 접근한다. 그리고 궁극적으로 모든 다른 것으로 확대되어 어떠한 정치적이고 윤리적인 차원을 사유에 부여하는 것이다. 자본주의와 정신분열증에 관한 사유 The thought in Capitalism and Schizophrenia는 때때로 과학적으로 정보를 제공하는 것으로 보여진다. 그리고 다른 한편으로는 광적으로 관념적으로 여겨진다. 시적인 이미지에 붙들려 있거나 무모한 추측들을 생산한다. 그러나 더욱 중요하게 여겨야 할 것은 그것이 개념적이라는 것이다. 개념들에 관한 매우 지속적이고 정력적인 표현이다. 그것은 결코 관념 ideas이 아니다. 때때로 우리는 그것들을 플라톤의 초월적인 이데아 Ideas로서 오인하기도 한다. 그러나 그것은 분명한 개념들이다. 그 개념들은 어떠한 풍요로운 것으로 증명되었으며 어떠한 소모되어지는 것과는 전혀 다른 어떠한 것으로 여겨진다.

신체 The body

신체에 관한 시각은 들뢰즈와 가타리의 해석에서 처음 생성되었으며 정해진 것이 없이 자유로운 의미를 지닌다. 만약 우리가 신체를 기계라는 측면에서 바라본다면, 버틀러 Samuel Butler가 지적한 대로, 신체가 할 수 있는 것은 그것이 오직 유기적인 부분들을 사용함으로써 할 수 있는 것 뿐이다. 그러한 버틀러의 언명 속에 어떠한 요지가 존재한다고 가정하지 못할 이유가 없다. 만약 내가 삽을 들었다면, 나는 더 깊이 파들어 갔을 것이다. 만약 내가 망원경을 통해서 본다면 나는 더 멀리 볼 수 있을 것이다. 이러한 도구, 확장된 신체들 prosthetics은 나의 신체의 역량을 확장시키고 확대한다. 나는 그러한 도구들을 선택하거나 내려놓거나 물리칠 수도 있다. 그러나 내가 그것을 필요로 할 때, 그것은 나의 일부가 된다. 그것은 땅을 파는 기계의 부분이 되고, 보는 기계의 부분이 된다. 그리고 내가 그것을 사용하는 동안에는 어떠한 방식으로든 그것은 나의 부분인 것이다. 사실상 내가 그러한 도구들을 사용하는 습관을 발전시켜왔다면, 그러나 더 이상 그러한 도구들이 내게 그다지 유용하지 못하게 된다면, 나는 그 부족함을 느끼게 될 것이고 불가능함을 느끼게 될 것이다. 같은 방식으로 생각하자면, 그처럼 힘들지는 않겠지만 마치 나는 팔을 잃고 눈을 잃은 것처럼 느낄 것이다.

르네상스의 도면들은 그 도면들과 중첩된 인간의 형상들을 가진 정방형의 그리드를 보여준다. 그러한 도면들은 교회의 1층 평면이 된다. 그리고 그렇게 작업함으로써 신성하게 질서지워진 비례를 구체화한다. 들뢰즈와 가타리의 세계에서 신체는 궁극적으로 다른 것이다. 그것은 배설하고 성교하는 것이다.

인간의 형상을 건축물에 비추어 바라보는 것은 서양 건축에서 가장 오래 동안 유지된 관습 중 하나였다.(Rykwert, 1996) 그러나 인간의 형상은, 무엇인가에 관한 감각은 모든 곳에서 언제나 하나로 통일되었던 것은 아니다. 서양 건축의 숭고한 문화에서, 건축적 경향은 이상화된 신체의 비례를 분리시켜 왔다. 그리고 인간의 형상을 건축물의 디자인에 작용함으로써 중요하고 근원적인 무엇인가가 인간 인체의 형태로부터 건축물의 형태로 전환되었다고 가정되어 왔다. 비트루비우스는 사각형과 원을 인간의 신체 주변으로 새겨 넣었다. 이러한 형태들은 인간 신체의 형태에 관한 무엇인가 중요한 것을 구체화하는 것으로 보았다. 그러나 인간의 신체는 겉으로만 보자면, 그것은 정사각형도 원형도 아니다. 르네상스의 도면들은 그 도면들과 중첩된 인간의 형상들을 가진 정방형의 그리드를 보여준다. 그러한 도면들은 교회의 1층 평면이 된다. 그리고 그렇게 작업함으로써 신성하게 질서지워진 비례를 구체화한다. 들뢰즈와 가타리의 세계에서 신체는 궁극적으로 다른 것이다. 그것은 배설하고 성교하는 것이다. 그러한 인간의 신체는 생산과 소비의 과정들과 연관되어 있다. 그리고 외부와 마찬가지로 내부를 지니고 있다. 오히려 내부와 외부는 서로 분간할 수 없는 것이다. 그리고 다종다양한 방식으로 그 자체로 내적으로 연관되어 있으며 그 외부와도 연결되어 있다.

가장 기본적인 상태에서 그것은 '기관 없는 신체 body without organs' 이다. 기관 없는 신체는 들뢰즈와 가타리가 많은 글에서 재영토화하고 있는 그들의 관념적인 개념들을 지칭하는 어휘이다. 그러나 그 기원은 매우 현실적인 사례에서 얻어졌다. 그것은 「*잔혹의 극장* Theatre of Cruelty」의 극작가 아르또 Antonin Artaud (1895-1948)의 최근 작품에서 나온 말이다. 「신의 심판과 함께 이루어졌도다. To Have Done With the Judgement of God」는 미국 America과 신 God에 반대하는 폭언이었다. 이 연극은 정신 요양소에서 지낸 아르또의 뒤틀린 몇 해가 가져다 준 상처를 옮기고 있다. 그것은 1947년 11월 28일 라디오 방송으로 준비된 것이었다. 그러나 방송될 수 없었다.[9]

'기관보다 더 쓸모없는 것은 아무것도 존재하지 않는다. 당신이 그를 기관 없는 신체로 만들고자 했을 때, 당신은 그를 모든 자동적인 반작용들로부터 해방시키고 진정한 자유로 돌려놓을 것이다.' (Artaud, 1947, 571)

그러므로 기관 없는 신체는 여기에서 이상화된 상태로서 표현된다. 그러한 상태는 어떠한 것이라도 가능해지는 상태이다. 더욱 상식적인 표현을 하자면, 그러한 신체는 혼수상태이며, 가혹한 정신병적 혼란을 가지고 있는 것이다. 그것은 어떠한 잃어버린 양의 상태이다. 무리와 멀리 떨어지고 어떠한 정치적 동기도 없고 자아도 존재하지 않는 탈영토화되고 탈사회화된 양이다. 이러한 혼란의 순간에, 양은 그 그곳에서 조상대대로 물려져 왔던 유산의 부분으로서 그리고 양육된 부분으로서 가져왔던 습관을 잃어버리게 되는 것이다. 그러나 아르또의 경우, 그는 그보다 더 멀리 나아갔다. 그는 자신의 정신적인 파괴의 시기동안 아무런 형상과 형식도 가지지 못한 그 자신을 바로 그곳에서 그러한 시간에 발견한 것이다.(Deleuze and Guattari, 1972, 8) 그는 세계 속에 존재하고 있다는 자신의 감각을 구축하는 사회화된 사람들의 집단으로부터 떨어져 있었다. 그리고 일반적으로 자신의 내부에서 자신에 대한 감각을 구축하는 욕망하는 기계들 desiring machines의 무리로부터 멀어져 있었다. 그의 아이덴티티는 사라지고 없었던 것이다.

그는 오래 동안 식욕이 없이 살았다. 내장도 없이 거의 허파도 지니지 않고 헤어진 식도만을 가지고 방광도 없이 산산이 부서진 갈비뼈만을 가지고 살았다.

기관 없는 신체에 관한 이러한 이해, 상호작용과 응답들 혹은 개념들에 의하여 구축되지 않는, 어떠한 긴장하고 있는 신체는 들뢰즈와 가타리에 의하여 채택된 것이다. 그리고 그것은 그 자체로 탈영토화된 것으로서 그러므로 일반적으로 모든 습득된 관습과 아이덴티티가 제거된 상태로서 표현되는 유동적인 개념이 된다. 우리는 이전의 나날 동안, 관습을 반복함으로써 효율적으로 기능하는 현실적이고 상식적인 안정성의 세계를 벗어나 무엇이든 일어날 수 있는 실질적인 세계로 진입하게 된다. 그것은 흄이 그 자신에 대하여 철학적으로 사유하였을 때 했던 바와 같이 자신을 묘사한 바로 그것이다. 그리고 결과적으로 그의 자아를 잃어버렸다고 했던 그것이다. 또한 슈레버 Schreber 판사 또한 같은 문제를 가지고 있었다. 그의 신체를 개념화하고 그러한 신체에 무엇인가 일어나고 있음을 개념화했던 것이다. '그는 오래 동안 식욕이 없이 살았다. 내장도 없이 거의 허파도 지니지 않고 헤어진 식도만을 가지고 방광도 없이 산산이 부서진 갈비뼈만을 가지고 살았다. 그는 음식과 함께 그의 후두부 부분을 삼키는데 무엇인가를 사용해야 했다. 그러나 신성한 기적들(빛)은 언제나 파괴된 것을 원상복귀 시켰다.' (Freud, 1911, 147; quoted by Deleuze and Guattari, 1980, 150)

기관 없는 신체 a body without organs는 실질적으로 우리가 될 수 있는 모든 것이다. 그러나 우리는 현실적으로 전혀 그렇지 못한 상태에 있다. 그러한 본질을 현실화하기 위하여, 우리는 그것을 아무런 개념이 없는 가능성 a possibility으로 그리고 기관 없는 신체로 어떠한 단계들을 개념화할 필요가 있다. 우리는 그렇게 함으로써 그것이 유지되는 한, 긴장된 상태에서 분리하여 포획하는 것이다. 실질적인 것은 이전에 가능했던 것의 영역이다. 그 곳에서는 선택적으로 어떠한 가능성이 될 수 있는 것에 대한 개념이 존재하지 않는다. 그러므로 만약 무엇이든 일어난다면, 그것은 안내하거나 정보를 제공할 가능성을 가지지 않고 돌발적으로 일어난다는 것이다. 그것은 뜻밖의 속성들이 예정된 과정을 통하여 발생할 수 있는 수프 soup이다. 그러나 그러한 발생적 속성들이 변용되어 무엇이 될 것인가에 대해서는 알 수 없다. 슈레버의 비정상적인 실체화는 우리에게 무엇인가 가능성의 범위에 관하여 이야기 언급하고 있는 기이함이다. 그리고 다른 시간대에 다른 문화들은 신체를 다종다양한 방식으로 개념화한다.(Feher, 1989에서 사례를 참조) 기관 없는 신체는 모든 현실적 대안들을 넘어서 그리고 그 경계 이전에 존재한다.

> 기관 없는 신체는 당신이 모든 것을 제거하였을 때, 남아 있는 그 무엇이다. 당신이 제거한 것은 엄밀하게 전부다 환상들, 의미들이자 주관적으로 해석해낸 것이다. 정신분석학은 그와는 반대로 작업한다. 그것은 모든 것을 환상으로 환언한다. 모든 것을 환상으로 변용한다. 그리고 환상을 존속시킨다. 그것은 당당하게 실재하는 것을 망쳐버린다. 왜냐하면 그것은 기관 없는 신체를 망쳐버리기 때문이다.(Deleuze and Guattari, 1980, 151)

기관 없는 신체는 순수한 내재성이다. 그것은 그 안에 외부로부터 부과되어진 어떠한 개념적인 장치도 가지고 있지 않은 내재성의 국면이다. 그것에 대하여 초월적인 것은 아무것도 없다. '결국, 그것은 스피노자의

「*윤리학* Ethics」 즉, 기관 없는 신체에 관한 위대한 책이 아닌가 ?' (Deleuze and Guattari, 1980, 153). '모든 기관 없는 신체는 스피노자의 후예이다.' (154) ' 기관 없는 신체는 선입견이 배제된 창조성의 상태이다. 그것은 디자인이 형상을 가지기 전의 국면이고 모든 가능성이 내재된 상황이며 누군가 디자인은 그래야만 하는 것이라고 상식적인 수준의 기대를 배제하고 있는 사태이다. 어떠한 자극 혹은 내적인 고통이 탈주선을 개진시킬 때 그리고 나서 구성물이 결합된다, 그것은 형태의 발단을 제공한다. 그 형태는 구조, 디테일, 중심 사고의 형식이다. 디자인은 초기 상태에 완전히 내재적일 것 그리고 환경에서 작용하고 있는 다양한 힘의 부산물로서 유출되는 것이라는 것은 중요한 지향점이 될 수 있다. 그것은 특별한 형태로 외부로부터 부여된 것이 아니다. 내부로부터 그 문제들의 조직으로부터 작동하는 것이다. 또한 총체적으로 환경과 작용하는 것이다. 그리고 그 지평의 한계까지 확장된 네트워크로서 작동한다. 디자인은 그것이 더 넓은 세계에서 어떠한 감각들에 분명한 것이 될 때, 분자적 수준에서 그리고 서로 다른 표현의 효과들을 응집하고 생산하기 위하여 다양한 방식으로 구체화될 수 있다. 어떠한 종류의 주택에서 분명한 것은, 마치 연체동물이 그들의 껍질 안에서 사는 것과 마찬가지로 집은 그 안에 살고 있는 사람들의 연장이라는 점이다.

기관 없는 신체는 선입견이 배제된 창조성의 상태이다. 그것은 디자인이 형상을 가지기 이전의 국면이고 모든 가능성이 내재된 상황이며 누군가 디자인은 그래야만 하는 것이라고 상식적인 수준의 기대를 배제하고 있는 사태이다

그레이 Eileen Gray가 이야기한 바대로, '하나의 집 A house은 인간 man의 껍질 shell이자, 그의 연장이고 그의 펼쳐짐이며 그의 정신적인 발산이다.' 10) 우리의 거주지는 우리가 이끌고자하는 삶을 살 수 있도록 하는 것이다. 다른 장소에서는 또 다른 조정을 통하여 삶은 다른 것이 된다. 그 다

른 삶은 다른 연계와, 다른 기회들, 다른 장애물들을 가지고 있다. 그리고 버틀러를 참고하자면, 우리는 아마도 '사람이 살고 있는 집은 살아있는 사물이 아니라고 누가 감히 주장할 수 있겠는가 ? 라고 반문하게 될 것이다. 신체가 생명을 얻고 '욕망하는 기계들' 에 의하여 구조화되는 것과 같이, 분명히 주거는 주거 안에 거주하며, 그 주거를 통하여 살아가는 기계들에 의하여 생명을 얻게 된다. 범주들 사이에서 우리는 어디에 선을 그을 것인가 ? 들뢰즈와 가타리의 재표명되어 야기된 논리는 그것들을 해체하여 다른 것으로 융해시켰다. 그리고 주거 dwellings는 거주자들의 행위에 의하여 선언된 것처럼 그들 자신의 의도와 욕망의 총체가 되었다. 우리가 그 안에서 살고 있는 주거들은 그리고 우리가 방문하는 주거들은 그 안에서 우리에게 각인되어짐으로써 생명을 얻는 감정의 기계들 emotion machines이다.

chapter 3

주거

고원 Plateau

고원 plateau은 상대적으로 안정된 방식으로 외부로부터 간섭받지 않고 서로 상호작용하는 힘들이 존재하는 공간이다. 사태는 변할 수 있다. 그러나 변화는 그 내부로부터 작동한다. 유출된 현상은 생산된 것이다. 그러나 시스템은 시스템 자체 이상으로부터 어떠한 목적이 주어진 것이 아니다. 또한 외부의 무엇인가의 요구에 적합하게 되는 것을 배제하지도 않는다. 영구적인 안정성의 관념이 존재한다. 그러므로 누군가 그것으로부터 방황할 수 있고 그것으로부터 돌아갈 수도 그것이 예전의 것과 매우 유사하다는 것을 발견할 수도 있다. 그것은 마음의 명상적인 상태와 관계한다. 혹은 마치 기관 없는 신체가 고원인 것처럼 사실상 긴장상태의 병증과도 연관된다. 들뢰즈와 가타리는 발리섬 주민들의 문화 속에 자리잡은 가치 시스템 value-system에 관한 베이트슨 Gregory Bateson의 해석으로부터 사고를 발전시켰다. 그것은 본질적으로 깊숙한 부분부터 서양 문화와 다른 것으로 표현되었다. 그 안에서 그들은 어떠한 다른 가치들을 희생하면서도 하나의 가치를 극대화시키기보다는 안정된 국면들을 유지시키고 힘들을 균형 있게 유지시키는 어떠한 방식들을 찾는 것이다.[11] 그러므로 음악은 절정을 짓는 것이 아니라 최면적이었다. 그리고 부(富)는 축적되지 않았다. 그러나 즐겁게 소모되었다. 고원 a plateau은 또한 지구의 부분이다. 그것은 들뢰즈와 가타리의 세계에서 매우 무게 있는 어휘이다. 그것은 영토화 territorialization의 대지 terre에서와 마찬가지로 기관 없는 신체를 새로운 구조로 재구성하는 것이다.

이러한 방식을 따라가면, 유목적 nomadic 사고의 개념이 나타난다. 그것은 탈영토화 deterritorialization를 지속하면서 그리고 새로운 재영토화 reterritorialization를 발견하면서 대지를 가로질러 방랑하는 것이다. 들뢰즈와 가타리의 세계에서 유목적 사고는 단지 여행을 목적으로 세상을 둘러보는 긴 여행을 유지하는 문제가 아니다. 그와는 반대로 그것은 한 개인의

Paul Klee, The Twittering Machine, 1922.

방을 나서지 않고서 일어나는 문제이다. 그것은 영토로부터 방황을 시작한 든든한 양이 가진 마음의 상태와 매우 큰 관계가 있다. 그리고 양이 그 자신의 관계들을 잃어버리는 동안에는 유목적이 된다. 매우 자주 이러한 종류의 탈영토화는 재영토화에 의하여 즉시 회복된다. 그렇게 됨으로써 하나의 공통의 감각을 갖는 관리 제도는 다른 것으로 치환되는 것이다. 그러한 전환 속에서 개인의 사고는 유목적이 된다. 그리고 건축물의 생성 becoming에 참여하는 사람들의 서로 다른 세계 안에서 변화하면서, 언제나 그것을 가능하게 하는 완전한 건축가가 된다. 사람들의 집단 즉, 공학자 다수의 감독자들 그리고 건설업자들은 건축물이 구축되는 것을 함께 작업하면서 확인한다. 그리고 각각의 전문직은 그 나름의 특수한 개별적 용어들, 그 개별적인 작업 태도와 개념들을 가지고 있다. 이러한 서로 다른 개념들의 총체는 각각의 분야들에서 나름의 전문기술을 펼치도록 돕는 것이다.

게다가 또 다른 이익 집단들이 존재한다. 매우 넓은 사회적 대표자들, 도시 계획자, 건축물 관리 공무원들, 방재기관 검사관들 등이다. 그들은 건축물이 그 사용자들, 혹은 이웃의 주민들에게 불편을 초래하거나 위험하지 않도록 확인하는 것이다. 그들은 또한 그들 자신의 사고방식과 담화의 방식을 가지고 있다. 그러므로 그들 다른 종류의 사람들과 작업하는 것이고 건축물 인허가하는 사람들과 사용하는 사람들 역시 서로 다른 것이다. 상업적인 환경에서, 건축물에 대한 상태를 평가할 수 없다면 그 건물은 세워질 수 없을 것이다. 그리고 건축물이 그러한 기간 동안을 거쳐 구체화될 것이고, 건축물 내에서 작업을 완수하는 사무원, 청소원, 관리자들이 어쩔 수 없이 발생하게 되는 매우 다른 소음을 듣게 될 것이다. 건축물은 그러므로 다양한 시각에서 이해될 수 있도록 기술되고 재조명되어야 한다.

이상적으로 그들의 모든 시각을 총체적으로 이해하게 될 것이다. 그러나 현실적으로는 그 결과가 균형적이지 못할 것이다. 들뢰즈와 가타리의 언어에서, 이러한 사유의 서로 다른 방식들은 서로 다른 평면들 planes 위에 건축물을 지도화한다. 프랑스어로, plan과 plane은 아무런 차이가 없다. 그러나 들뢰즈와 가타리의 번역자들은 평면 plane을 사용한다. 그들이 계획 plan을 사용했다고 한다면 그때에는 개념들의 건축적인 유추가 더욱 분명해 졌을 것이다. plan은 클라이언트와 특별한 배열을 논의할 경우에 사용하는 것이다. 그것은 어딘가에서 필요한 어떠한 시설을 보여주기 위하여 전기기사에게 문제시 되는 계획 plan과는 다른 것이다. 혹은 누군가 건축 구조의 평면 plane에서 제시되는 묘사는 근본적으로 비용의 수준 plane에서 주어지는 기술과는 다른 것이다. 이러한 평면들 planes은 서로 교차한다. 예를 들어, 나는 건축물이 구축되는 방식에 변화를 줄 수 있기 때문이다. 그때에는 건축물의 비용에 어떠한 영향을 미친 것이다. 그러나 하나의 평면에서의 변화는 필연적으로 다른 것에 예상되는 변화를 생산하지는 않는다.

들뢰즈와 가타리의 작업에서는, 'se rabat sur' 라는 표현이 존재한다. 그것의 의미는 문자 그대로 'falls back onto' 이다. 그것은 사영기하학 projective geometry에서 쓰는 표현이다. 만약 내가 하나의 평면과 평행하지 않은 어떠한 각을 가지고 공간 속에 연장되는 고정된 길이의 선분을 선택한 다음, 나는 그 선을 그 평면위에 투영할 수 있다. 그리고 나는 평면위에서 그 원래의 선분보다는 짧은 하나의 선분을 확인할 수 있다. 그 선분의 얼마나 짧아지는가는 사이각에 달려 있다. 이것은 누군가 도면위에 램프를 그릴 때 언제나 일어나는 것이다. 혹은 입면도 위에 입면의 수평면과 비스듬하게 세워진 벽체를 보이려고 할 때도 마찬가지다. 그러므로 문자로 표현된 건물의 도면을 사용함으로써, 나는 구조물의 높이를 10층으로 증가시킬 수도 있다. 그리고 그것이 단지 구조적인 기둥을 좀 두껍게 하거나 그리고 승강기의 개수를 늘리거나 하는 일이라도, 도면에서의 변화는 거의 분리할 수 없는 영향을 미칠 것이다. 그렇게 하는 동안 다른 평면과 입면에서는 건축물의 요소에 지대한 변화가 생겨날 것이다. 그러므로 들뢰즈와 가타리가 제시하는 어떠한 방식으로 시스템을 확장하고자 한다면, 말하자면, 내가 건축물의 구조적 뼈대에서 콘크리트를 철골

구조로 바꾸는 변화를 만들어내는 것이다. 그리고 그것의 작은 환원적 반영으로 비용의 수준 plane에 '투영하고자 fall back onto' 하는 것이다. 혹은 그렇지 않다면, 만약 내가 승강기의 운행속도를 증가시킬 수 있었다면, 사용자의 만족도의 수준 plane에서 중요한 증가분이 생길 것이다. 변화의 움직임은 비직선적 non-linear일 것이다. 마치 꼭두각시를 부리는 사람의 손을 움직이는 것과 같이 모방적이지 않으며 무대 아래의 꼭두각시에 의하여 만들어지는 움직임을 대변하는 것도 아니다.(Deleuze, 2003, 11) 이것은 완전히 정직한 반응이다. 그러나 그것은 누군가 들뢰즈와 가타리의 잇따라 언급한 것처럼 평면이 '일관성의 수준 plane of consistency' 이라는 것을 발견할 때, 더 합목적적인 것이 된다. 그것은 바로 탈영토화 deterritorialization의 수준이다. 그리고 기관 없는 신체의 수준 body without organs이고, 생성 becoming의 수준이다. 그러한 수준에서는 상식적인 세계로부터 벗어나게 된다. 들뢰즈와 가타리는 아직 생성되지 않은 본질의 이러한 탈영토화된 상태로 관심의 방향을 돌려놓았다. 그러한 수준의 외부로부터, 욕망하는 기계가 그 상태에 작용할 때, 현실적인 사태가 생성될 것이다.

실제 건축물

들뢰즈와 가타리의 책이 하나의 기계인 것과 마찬가지로 건축물도 하나의 기계이다. 내가 건축물과 맞닥뜨렸을 때, 내 안에서 어떠한 작용들이 생산된다. 그것은 탈주선이고, 탈영토화이며 그 밖의 모든 것이 될 수 있다. 정확하게 그것이 내 안에서 생산하는 어떠한 작용들은 나의 부분으로 끌어오는 그 무엇에 의한 것이 될 것이다. 나의 경험, 독서로부터 선택하였던 사고들, 건물이 마음에 떠오르게 하는 다양한 이미지들에 의한 것이다. 이러한 꾸러미의 부분은 개인적인 것이다. 아마도 건물은 내게 어렸을 때 알았던 행복했던 어떠한 장소를 떠오르게 할 것이다. 혹은 나 자신이 공포로부터 공격받았던 바로 그 장소를 떠올리게 할지도 모른다.

만약 그러한 일이 일어나게 된다면, 그때에 건축물은 아마도 내 안에서 진정한 나의 반응의 부분으로서 강력한 작용들을 만들어 낼 것이다. 나의 맥박의 속도는 빨라질 것이다. 아마도 숨을 헐떡일 것이다. 그리고 그것은 내가 관계하는 한에서, 저항할 수 없는 반응의 중요한 부분이 될지도 모른다. 그러나 반응은 어떠한 포괄적인 중요성을 지니지는 않을 것이다.

그것은 디자이너가 의도한 부분이 아닐 수도 있을 것이다. 그리고 다른 사람들은 그것을 공유하지 않을 것이다. 그러나 나는 그것을 진정한 해답으로 느낄 것이다. 그것이 바로 나의 응답인 것이다. 그러나 당신은 내게 내가 단지 그것을 상상하는 것일 뿐이라고 이야기 할 것이다. 그리고 물론 이야기 하는 방식에 따라서는, 그것이 단지 내가 그렇게 하고 있는 것일 뿐이다. 나는 상상하는 것이다. 그러나 나는 그것을 건축물이 내게 그렇게 작용하고 있는 그 무엇 때문에 상상하는 것이다. 그 무엇은 내게 있어서 그러한 나의 상상을 충분히 실재적인 것으로 만들어 내는 것이다. 다른 종류의 반응들은 예감할 수 있거나 혹은 발전시킬 수 있는 방식으로 발생할 것이다. 만약 내가 건축을 공부했고, 내 앞에 서있는 건축물이 말하자면 칸 Louis Kahn에 의하여 발전된 형태의 어휘들을 사용하고 있다는 것을 알 수 있다면, 그때에 나는 그것을 건축가로서의 어떠한 부분에 대한 복잡한 지식과 야망을 내포한 건축물로서 인식할 수 있을 것이다. 내 삶의 경험이 가지는 부분이 이러한 형태들과 어떠한 친숙함을 섬세하게 얻어낼 수 있었기 때문에, 나는 그러한 이해가 가능하다. 내가 그러한 것들과 익숙해지는 시간을 보내지 않았다면, 아마 건축물을 다른 방식으로 직면했을 것이다. 아마도 무엇인가 특별한 것을 인식하거나 혹은 전혀 그렇지 못할 수도 있다. 요지는 바로 이것이다. 작용은 생산되는 것이다. 그리고 그것은 실재적인 것이다. 그러나 그러한 작용은 건축이 독자적으로 작동함으로써 생산되는 것이 아니다.

그러한 작용들은 건축물과 사람들이 만날 때 생성된다. 사람들은 그들 삶의 경험에 의하여 다른 방식으로 작용에 반응하도록 준비되어 있다.

그것은 그들의 교육에 의한 것이기도 하다. 프랑스어로 더 분명하게 이야기하자면, 그들의 어휘로서 '형성 formation'은 '훈련 training'으로 번역할 수도 있는 것이다. 어떠한 건축물은 예술작품과 마찬가지로 감각과 작용의 블록 bloc of sensations and affects이다. 우연한 만남은 바로 경험 experience이며 실험 experiment이기도 하다. 두 개의 영어 단어 'experience'과 'experiment'은 프랑스어로는 하나의 어휘 'experience'로 모두 통용된다. 즉, 프랑스적 표현 'avoir une experience'는 '경험을 갖다 to have an experience'이며 'faire une experience'는 '실험을 하다 to make an experiment'이다. 그러므로 들뢰즈와 가타리의 세계에서 삶의 경험은 또한 언제나 실험인 것이다. '어떻게 한 사람이 건축물에 반응하는가'는 '그가 관련되어 있는 그 무엇을 생각하고 있는가'와 연관되어 있다. 그것은 바로 건물 내에서 우리가 언급하고 있는 어떠한 '건축 architecture'인 것이다. 매우 단순한 건물을 하나 선택하자, 가난한 나무꾼에 의하여 지어진 조그만 주거라고 하자, 그것은 손쉽게 얻을 수 있는 재료를 사용하여 지어졌다. 예를 들어 들판에 널린 돌들, 숲에서 얻어온 목재들. 그리고 매우 충실하게 지어지지만 그 주거와 무관한 것은 아무것도 사용되지 않는다. 그것은 클레어 John Clare (1793-1864)에 의하여 소박한 만족의 장소 a place of frugal contentment로서 환기된 내용이다. 수고스러운 노농의 하루를 마치고 그는 그의 휴식 의자를 찾아 집으로 돌아가고 아늑한 오두막의 화로를 데운다. ('The Woodman', 1819, line 135)그리고 그곳에서 왕관을 쓴 영국의 국왕이 아니라 그의 자녀들과 있고 싶을 것이다. 그의 아내는 그 상황에서 중요한 부분이 된다. 그리고 가사일을 돌보고 있다. 그는 그의 표준어에 좀 어긋난 표기를 쓰며 다음과 같이 기록했다.

검소한 아내가 곧 준비한 저녁 식사.
가족에 대한 그녀의 소박한 일과들은
이리저리 떼 지어 다니는 아이들에게 잔소리를 하는 것.
당시 그들의 아버지가 벌어 오는 것보다도
까먹는 것이 더 많다고 말한다.

그리고 아이들의 헤어진 옷가지는
그녀가 덧대어 꿰매고 흉하게 기운 것이다.
점잖은 여성들의 모습이라고 할 수는 없이.
더러운 집들, 누더기를 입은 아이들.
그들의 일과와 그들의 중요한 기쁨
오두막집을 지키고 아이들을 말쑥하고 단단히 지켜내는 일. (lines 154-62)

클레어가 태어난 해는 프랑스의 여왕 마리 앙투아네트 Marie Antoinette가 처형되던 해이다. 그녀가 베르사유 Versailles에 오두막 마을을 짓도록 한 유명한 일화가 있다. 그래서 마리는 궁정의 삶이 가진 완고한 예식으로 벗어날 수 있었다. 그리고 다름 아닌 그녀 자신도 목장의 소녀와 같은 단순한 삶을 살 수 있다고 확신하였다. 클레어가 노래한 나무꾼의 오두막과 마리 앙투아네트의 오두막 건축물 사이에 어떠한 유사성이 존재할 수 있다하더라도, 우리는 그 두 건축물은 서로 다른 건축과 연관되어 있다는 것을 확신할 수 있다. 다시 기계적 개념으로 돌아가서, 나무꾼의 오두막 기계 woodman-cottage machine는 마리 앙투아네트의 오두막 기계 Marie Antoinette-cottage machine와는 다른 무엇인가를 생산한다. 나무꾼의 오두막은 나무꾼의 껍질이다. 그것은 세상에서 생존을 위하여 필요한 기본적인 장치의 부분이다.

마리 앙투아네트의 오두막은 장식된 오두막 cottage orné, 장식된 건축물이다. 그것은 절대 거주지가 아니다. 그러나 감정을 생상하기 위하여, 그 효과를 목적으로 방문할 수 있는 것이다. 사실상, 18세기 문학에서 농장에서 일하는 여인에게 부여된 역할에 교태라는 형식으로 표명되는 순수함과 천진난만함을 부여할 수만 있다면, 마리 앙투아네트의 마을에서도 낭만적이고 에로틱한 그 무엇인가가 존재했을 것이다. 건물과 관련해서는 그러한 건축에 관하여 고착시킬 만한 것이 아무것도 존재하지 않는다. 그것은 그것으로 총체화되어 왔던 어떤 기계에 의하여 결정된다. 나무꾼의 오두막은 세계의 중심이다. 그곳에서는 화로 옆에 둘러앉아서 민간의 이야기를 함께 할 수 있는 곳이다. 장식된 오두막은 기쁨을 위하여 방문하는 곳이다. 그곳은 혹은 명상을 위하여 고독을 위하여 찾는 곳이다. 그리고 밀회의 장소이며 독서를 위한 장소이다. 그러므로 만약 클레어의 나무꾼이 이사를 가고 마리 앙투아네트가 그곳으로 이사를 간다면, 그곳은 전혀 다른 방식으로 사용될 것이다. 그 어떠한 다른 기계가 구축되어질 것이고 그곳에서 다른 작용들이 일어날 것이다.(Arnold and Ballantyne, 2004) 클레어의 시는 아마도 대부분 나무꾼의 오두막보다는 장식된 오두막에서 읽혀질 것이다. 들뢰즈와 가타리의 세계에서 예술은 인류 이전의 기원을 가지고 있다. 그것은 주거와 함께 시작되고 노래와 함께 시작된다.

> 아마도 예술은 동물들과 함께 시작되었을 것이다. 적어도 영토를 구획해내고 집을 구축했던 동물들과 함께 시작되었다. 그것은 둘 다 서로 연관이 있다. 적어도 한 가지 점에서, 그 둘은 우리가 주거환경 habitat이라고 부르는 점에서 동일하다. 영토-집의 시스템은 다수의 유기적인 기능들을 변용시킨다. 즉, 성행위 sexuality, 출산 procreation, 공격성 aggression, 부양 feeding 등이 그것이다. 그러나 그러한 변용은 영토와 집의 출현을 설명할 수 없다. 오히려 주변의 다른 방식들이 있다. 영토는 순순한 지각으로서 속성들의 출현을 의미한다. 단지 기능적으로만 작동하도록 제한되고 표현적인 특징만으로 변용된 감각 sensibilia의 출현을 의미한다. 즉 기능적인 변용만이 가능한 것이다. 이러한 표현성은 의심의 여지가 없이 이미 삶에서 확산되어 있다. 그리고 백합의 순수한 대지는 천국의 영광을 찬양하기 위하여 흔히 언급되는 것이다. 그러나 영토와 집에서, 그러한 사물로부터 새로운 인과관계와 결론을 끌어내기 전에 존재하는 속성들을 의식화하기 위하여, 그 표현성은 구축적이 되고 동물 집단의 의식적인 기념비를 세우게 된다. 이러한 순수한 감각적 속성들의 출현은 이미 예술이다. 그것은 외재하는 질료들을 다루는데 있어서나 신체의 형상과 색상에 있어서 그리고 노래 속에서, 영토를 결정하는 울부짖음 속에서 시작된 것이다. 그것은 그것이 표현적이 되는 한에서 분리 될 수 없는 형태, 색채, 소리의 유출 outpouring인 것이다. 그것은 영토의 철학적인 개념이다. 매일 아침, 오스트레일리아의 열대다우림에 사는 '스케노포이에테스 덴티로스트리스 Scenopoetes dentirostris' 라는 새는 이파리를 따고 그것들을 바닥에 떨어뜨린 다음, 다시 그것들을 흙이 묻은 반대로 안쪽, 더 엷은 색을 띠는 쪽으로 뒤집는다. 이러한 영토화의 방식으로 새는 이미 만들어져 있는 것처럼 자신만을 위한 영역, 둥지를 만든다. 바로 위, 넝쿨 식물이나 나뭇가지에서, 부리 아래 깃털들을 그 뿌리가 다 드러나도록 부풀이면서, 그 새들은 그들 나름의 악보에 따라서 부르는 매우 복잡한 노래를 지저귄다. 그리고 간격을 두고 다른 새들고 그

> 것을 따라 부른다. 그들은 매우 완벽한 예술가들이다.(Deleuze and Guattari, 1994, 183-4)[12]

들뢰즈와 가타리는 「*천개의 고원* A Thousand Plateaus」에서 후렴구 refrain 혹은 리토르넬로 ritournelle의 구축적 효과에 관하여 논의한다.

> 어두운 곳의 어떤 아이는 두려움에 사로잡혀, 그의 호흡에 맞추어 노래를 부름으로써 스스로를 위로한다. 아이는 그의 노래에 따라서 걸어가며 쉬기도 한다. 길을 잃은 소년은 피난처를 찾고 있다. 혹은 그가 가장 잘 할 수 있는 대로 그 나름의 작은 노래를 부르며 주변에 자신을 맞추는 것이다. 노래는 혼란한 마음 한가운데, 고요함과 안정됨, 고요하게 하고 안정되게 만드는 즉흥적인 음악적 소묘곡과 같은 것이다. 아마도 아이는 노래를 부르면서 가볍게 뛰기도 하며 혹은 그의 속도를 늦출 것이다. 그러나 노래 자체는 언제나 도약이다. 그것은 혼란으로부터 혼란속의 질서의 시작으로 가는 도약이다. 그리고 그것은 어떠한 순간에 파괴될 수 있는 위험에 놓여 있는 것이다. 항상 아리아드네 Ariadne의 끈에는 음의 울려퍼짐이 존재한다. 그렇지 않다면 그것은 오르페우스 Orpheus의 음악이다.(Deleuze and Guattari, 1980, 311)

외부 세계는 언제나 견제되고 있는 것이다. 혹은 그것이 외부로부터의 무엇인가가 내부로 허락받는 것은 그것이 어떠한 도움을 주거나 내부의 행동을 제약할 때, 여과되거나 통제된 방식으로 내부로 들어올 수 있다.

당당하거나 혹은 목소리의 구성요소는 매우 중요하다. 소리로 벽을 만들거나 혹은 적어도 어떠한 음향적 요소들로 세워져 있는 벽을 만들어 낸다. 소년은 소녀가 제출해야하는 숙제를 위하여 힘을 내려고 흥얼거린다. 주부는 자신을 위하여 노래를 한다. 혹은 라디오를 듣거나 마치 그녀는 그녀의 일을 하는데 있어서 혼란을 이겨내는 힘들을 정렬시키는 듯이 노래를 한다. 라디오와 텔레비전, 기기들은 모든 가사일 주변으로 둘러쳐진 마치 소리의 벽과 같다. 그리고 그것은 영토를 구획한다. 이웃들은 그 소리가 너무 크다면 불평을 터트릴 수도 있다. 한 도시의 토대를 만들거나 혹은 골렘 golem을 만드는 것 같은 탁월한 작업들을 위하여 누군가는 원을 그릴 것이다. 혹은 마치 아이들이 춤을 추는 것과 같이 그 원 안에서 유기체의 서로 다른 부분들에 까지 창조의 내적인 힘을 흘려보내는 율동적인 모음들과 자음들을 어울리듯 결합시켜 가면서 이미 걷고 있을 수도 있다. 속도, 리듬 혹은 조화의 오류들은 엄청난 재난을 야기할 것이다. 왜냐하면, 그것은 혼돈의 힘들을 불러올 것이며 창조자와 창조물 모두를 파괴할 것이기 때문이다.(Deleuze and Guattari, 1980, 311)

일단 이러한 집이 세워지고 나면, 사람들은 집밖으로 위험을 무릅쓰고 나갈 수 있다. 그리고 외부 세계와 관계를 맺을 수 있다. 그는 후렴의 생산적이고 발생적인 역할을 확인할 수 있다. 그 후렴은 심장의 박동에 의하여 규정되고 혈류의 흐름에 의하여 훈련되는 짧은 선율이다. 그러나 그것은 외부 세계와의 관계를 연관시킨다. 그리고 우주의 조망과도 연관시킨다. 들뢰즈와 가타리는 고인류학자 르르와 구랑 Andre Leroi-Gourhan (1911-86)의 작업에 의하여 그들의 사유를 더욱 진작시킬 수 있었다. 그는 초기 문화적 현상의 발생에 관하여 매우 폭넓은 방식으로 접근하여 깊이 연구해 갔다. 그리고 사실상 인간의 출현에 관하여까지 밀고 나갔다. 어떠한 연구는 선행인류와 연관된 것이기도 했다. 그는 세계의 출현 개념들에 관한 논의, 예를 들어, 가장 초기에 지속된 거주지와 연관된 사례에서 주기적 반복을 갖는 율동의 현상 the phenomena of rhythm에 커다란 중요성을 부여했다. (Leroi-Gourhan, 1964, 314) 그리고 그는 두 개의 선택적인 공간적 도해 spatial schemata의 사례를 제시했다. 그것은 중심형 the concentric과 방사형 the radial이다. 그것은 원을 중심으로 각인된 것이었다. 그것은 고정적으로 남아 있다고 하지만, 우리가 알지 못하는 세계의 한계를 확장하기 위하여 우리 자신을 둘러싼 원을 재구축 할 수 있게 해 준다.(325-6) 역으로, 방사형 공간은 유목적 수렵자와 채집자들의 공간이다. 그들은 영토의 표면을 가로질러 움직이며 그러한 움직임은 그들의 여정과 연관된 세계의 이미지를 제공한다. (326-7)

> 우리는 인공적인 피난처 shelter 내부에서 그 경험의 상당 부분을 지내야 하는 포유류의 범주에 속해있다. 이러한 측면에서 우리는 원숭이와는 다르다. 가장 우수하게 발전된 그 어떤 종들도 과연 밤을 보내게 될 장소를 아주 조금 조야한 수준으로 밖에 조절할 수 없다. 그러나 수많은 설치류들도 비슷하다. 마치 영토의 중심으로 사용되는 굴을 공들여 파고 종종 식량을 저장하는 창고로 쓰기도 한다. [. . . 중략 . . .] 매우 뿌리 깊은 과학적 전통에 따르면, 선사시대의 인류는 동굴에 살았다는 것이다. 만약 이것이 사실이라면, 그것은 우리들과 마찬가지로 잡식성이고 발바닥 전체를 땅에 대고 걷는 곰이나 오소리와의 매우 흥미로운 비교를 제시할 것이다. 그러나 그것은 다음을 제안하는 것이 더 올바를 것이다. 비록 인간이 그 언제인가 그것이 거주할만하였을 때, 동굴을 사용하기는 하였으나 그들은 압도적으로 많은 대부분의 경우 대체로 열린 공간에서 살았다. 그리고 기록이 가능해진 때부터는 구축한 피난처에서 살았다.(Leroi-Gourhan, 1964, 318)

우리는 원숭이와는 다르다. 가장 우수하게 발전된 그 어떤 종들도 과연 밤을 보내게 될 장소를 아주 조금 조야한 수준으로 밖에 조절할 수 없다. 그러나 수많은 설치류들도 비슷하다. 영토의 중심으로 사용되는 굴을 공들여 만들어낸다.

동물과 인간의 행위 사이에 연속성에 관한 들뢰즈와 가타리의 작업에서 비슷한 주장이 있다. 그리고 그 주장은 다음과 같은 의미를 담고 있다. 그러한 메커니즘은 초기 진화론적 단계에서 획득된 것이라는 것이며 그러한 메커니즘은 우리 안에서 오래 동안 남아 있다는 것이다. 그리고 우리가 특유한 기계 안에서 환경이 그러한 메커니즘을 구성하게 된다면, 그 메커니즘은 작동할 수 있다는 것이다. 철새들은 유목적 nomadic이다. 그러나 지저귀는 새들은 영토적 territorial이다. 역사적 기념물은 반복되는 것 refrains이다.(Deleuze and Guattari, 1994, 184) 인간이 만들어낸 환경을 포함하여 자연 Nature은 다성(多聲, polyphonic)적이다. 각각의 종들은 그 자신만의 지각, 개념, 작용들을 통하여 창조된 그 나름의 세계를 가지고 있다. 각각은 그들 나름의 패턴들을 지각하고 그 나름의 반복을 지니고 있다. 그리고 그들의 영토는 상호교차한다. 예를 들어, 거미는 그 안에 파리의 무엇인가를 가지고 있는 것으로 보이는 것이다.

> 거미줄은 무엇인가를 함의하고 있다는 것이 자주 주목받아 왔다. 그것은 거미의 코드 안에 파리가 갖는 나름의 코드로서 결과가 존재한다는 것이다. 그것은 마치 거미가 그 머리 안에 파리를 담고 있는 것과 마찬가지다. 파리의 특질 motif, 파리의 후렴구 refrain를 가지고 있는 것이다. 그러한 의미는 아마도 상호호혜적인 것이다. 말벌과 난초의 경우에서처럼, 혹은 금어초 snapdragon와 뒝벌사이의 관계에서처럼. 윅스퀼 Jakob von Uexkül은 부호전이 transcodings의 놀라운 이론을 힘들게 정리했다. 그는 구성 요소들 components을 대위법에서의 선율들이라고 보았다. 그 선율들 각각은 또 다른 선율의 동기로서 작용하는 것이다. 그것은 마치 음악으로서의 자연이었다.(Deleuze and Guattari, 1980, 314)

가수와 악기의 서로 의존하는 음성들 – 각각은 나름의 개성을 지니고 있으나 하나의 웅대한 전체를 만들어 내는 – 그러한 음성들은 마치 자연의 생태계와 같이 작용한다.

윅스퀼의 자연의 대위법(對位法)적인 평가는 암스테르담의 콘체르트헤보우 Concertgebouw에서 그가 우연히 만났던 말러 Mahler의 교향곡을 듣고 있었던 열정적인 젊은이에 관한 사유에서 발전된 것이다. 그 젊은이는 말러 교향곡의 악보를 옮기는데 완전히 빠져 있었다. 내가 짐작하기로는 그것은 세 번째 악장이었다. 그 모든 것 정렬시키는 힘들이 밀려왔다. 그리고 절정의 주제로 다가갔다. '판 Pan이 깨어났다.' '벌판의 꽃들이 내게 이야기하는 그 무엇.' '숲의 창조물들이 내게 이야기하는 그 무엇.' 그 밖에도 많은 것들. 음악을 직접 경험하고자 스스로를 열어 놓을 수 있었을 때, 이것이 젊은이가 옮기기에는 매우 성가신 일이라고 생각했다. 그러나 낯선 사람이 다음과 같이 설명해 주었다. 만약 젊은이가 자신의 눈을 통해 악보에 담긴 정보들을 스스로 재구성할 수 있다면, 그 젊은이는 당시 이루어지고 있는 연주 이상의 것을 들을 수 있다고 했다. '악보를 통하여 누군가는 개성적인 음향의 성장과 분화를 따라갈 수 있는 것이다. 그것은 성당의 회중석 nave의 열주들과 같이 스스로 출현하는 것이며 그 작품의 볼트 vault를 들어 올리는 것이다.' (Uexküll, 1934, 147) 윅스퀼은 가수와 악기의 서로를 의지하는 음성들 - 각각은 나름의 개성을 지니고 있으나 하나의 웅대한 전체를 만들어 내는 - 그러한 음성들은 마치 자연의 생태계와 같이 작용한다. 또 생물학자로서 그 자신의 과업은 자연의 악보에 적는 것이었다. 들뢰즈와 가타리는 열정에 가득 찬 윅스퀼의 인식을 받아들였다.

> 연체동물의 죽음 이후 그 껍데기는 그 연체류의 껍데기를 집으로 숨어 지내는 게 crab의 대위적 요소 counterpoint로 변화하게 된다. 그리고 게는 꼬리덕분에 그 껍질을 자신만의 거주지로 변화시킨다. 그 꼬리는 헤엄치기 위한 것이 아니라 잡아쥐기 위한 것인데 연체류의 빈껍데기를 잡을 수 있다. 진드기 tick는 진드기가 있는 나뭇가지 아래를 지나는 모든 포유류를 대상으로 자신의 숙주를 선택한다. 그러한 방식으로 유기체적 삶을 구성한다. 마치 타일 모양으로 배열되어 있는 참나무 잎들이 그 위를 흐르는 빗방울 때문에 그들의 대위적 요소 counterpoint를 만들어 내는 것과 마찬가지다.

타일 모양으로 배열되어 있는 참나무 잎들이 그 위를 흐르는 빗방울 때문에 그들의 대위적 요소 counterpoint를 만들어 내는 것과 마찬가지다. 이것은 목적론적인 개념이 아니다. 오히려 그것 안에서 더 이상 우리는 예술이 무엇인지 그리고 자연이 무엇인지 알지 못하는 아름다운 선율의 하나이다.

> 이것은 목적론적인 개념이 아니다. 오히려 그것 안에서 더 이상 우리는 예술이 무엇인지 그리고 자연이 무엇인지, 타고난 기교들이 무엇인지 알지 못하는 아름다운 선율의 하나이다. 마치 뒝벌과 금어초의 교미에서와 마찬가지로 다른 선율들 안에 새로운 주제 motif인 어떠한 선율이 생겨나는 때, 대위적 선율이 존재하게 된다. 이러한 대위적 요소들의 관계는 감각들 sensations과 권역들 blocs의 화합물로부터 평면들 planes을 하나로 결합하고 생성 becomings을 결정한다. 그러나 그것은 단지 선율적인 혼합물 melodic compounds을 결정하는 것이 아니다. 오히려 일반화하는 것이며 본질을 구성하는 것이다. 또 다른 측면, 무한한 교향악적 수준의 구성 symphonic plane of composition이 함께 요구된다. 집 House으로부터 우주 universe로의 확장. 내적 감각 endosensation으로부터 외적 감각 exosensation으로의

> 확장. 이것은 영토는 고립되고 결합될 뿐만 아니라 내부로부터 혹은 외부로부터 발생하는 우주적인 힘들 위로 개방되는 것이다. 그래서 지각 가능한 거주민들에게 작용하는 효과를 만들어 낸다. (Deleuze and Guattari, 1994, 185)

음악과 자연에서 패턴을 지각하는 것의 중요성은 호프스태터 Douglas Hofstadter의 책 「*괴델, 에셔, 바흐* Gödel, Escher, Bach」(1979)에서 유출된 현상과의 관계로서 심도 있게 탐구되었다. 그것은 마음의 은유적 푸가 fugue과 기계들 그리고 인공 지능에 대한 하나의 근본적인 작업이었다. 바흐 Johann Sebastian Bach (1685-1750)는 물론 화성대위법의 가장 이상적인 그 무엇보다도 두드러진 상징이다. 그리고 호프스태터가 끼친 영향은 다음과 같이 이야기할 수 있을 것이다. 아마도 우리가 사유를 위하여 해석에 끌어 들인 바흐를 발견하고도 전혀 놀라지 않게 되었다는 것이다. 들뢰즈와 가타리에 의하여 부여된 바와 같이, 윅스퀼의 자연에 대한 비전은 내재적이고, 널리 펼쳐지고, 바흐와 같은, 자연에 대한 감수성 sensibility을 암시하는 것이다. 혹은 적어도 자연의 악보에서 확인할 수 있어야 한다는 것이다. 그리고 우리는 인간을 자연적인 것으로부터 분리하지 말아야 한다는 것이다. 프루스트 Marcel Proust는 그 점을 부르주아적 사회에서 암시했다. 샤를뤼스 남작 Le Baron de Charlus은 그의 다음번 성적인 상대자를 찾아 새로운 시작을 할 때마다 재단사 쥬피앙 Jupien과 함께 그 자신에게 멜로디를 흥얼거리면서 용기를 북돋운다. 비록 책의 이 지점에서 그의 목적이 완전히 분명하게 드러나지 않지만 말이다. 그것은 그 다음 문장에서 더 분명해진다. 그 움직임은 하나의 짧은 푸가 fugue로 변한다. '음악과 동시에 즉시, 샤를뤼스 남작은 문을 지나 흥얼거리면서 사라진다. 마치 거대한 뒝벌과 같이 혹은 다른 그 무엇, 이 시점에서 진정한 그 무엇으로서 밖으로 뛰어나가는 것이다. 내가 아는 한에서, 이것은 아마 난초에 의하여 오래 동안 지체되어버린 그 무엇이 되었다는 것이다. 그래서 꽃가루만 드문드문 남았다. 그런데 꽃가루가 없다면 여전히 숫처녀로 남아 있어야만 하는 것이다.' 그리고 나서 은유적인 난초가 다시 나타난다. '나는 곤충들의 선회를 따라서 마음이 산란해졌다. 몇 분 후에 나는 마음을 가다듬기 위하여 [. . .] 쥬피앙은 남작을 따라 돌아왔다.' (Proust, 1913-27, 4, 7) 반복되는 후렴구 refrain, 리토르넬로 ritournelle는 허구적 인물 Vinteuil에 의하여 구성되는 강렬하고 짧은 문구들 안에서 반복적으로 되풀이 된다. 그것이 마치 꾸며낸듯한 짧은 선율임에도 불구하고 우리는 사실상 그것을 거의 들을 수가 없다. 그러나 소설에서는 매우 정확하게 음악적인 방식으로 그것을 인식하게 된다. 그것은 기억의 꼬리를 물고 떠오르는 아련한 기억들과 함께 가버렸다가 나타났다가 할 때마다 인식하게 되는 것이다. 그러한 사건이 일어나는 때에까지 일련의 과정들은 소설속의 인물들의 기억에서 일어난 것과 마찬가지로 우리의 기억이 되는 것이다. '우리는 혼돈으로부터 우리를 지키기 위하여 단지 작은 질서를 요구하는 것이다.' (Deleuze and Guattari, 1994, 201) 우리는 너무나 일찍 질서를 인식하고 그것에 중요성을 부여하는 경향이 있다. 우리가 인식할 수 있는 어떠한 질서가 존재할 때, 우리는 안정감을 느낀다. 그리고 동시에 우리는 그러한 목적에 다소간 벗어난 모든 것을 평가절하 한다.

우리는 혼돈으로부터 우리를 지키기 위하여 단지 작은 질서를 요구하는 것이다.

우리는 '음모이론 conspiracy theories' 에 놀랍게도 쉽게 마음을 움직인다. 그것은 불연속적인 사건들 속에서 어떠한 근간이 되는 질서를 발견하는 것이다. 편집증환자들은 어디에서든 질서를 발견한다. 그들은 그 자신을 학대하면서까지 모든 것을 구성하고자 한다. 혼돈이 우리를 압도하고 있는 듯, 그러한 수준으로까지 보일 때가 있다. 그러나 만약 우리가 의도적으로 이루고자하는 것들을 성취하는데 이로운 습관과 방식으로 삶을 규정하고자 노력해왔다면, 그랬다면, 이러한 혼란의 분출은 거의 일어나지 않을 것이다. 그리고 공황상태로서 경험하는 일도 없어질 것이다. 만약 내가 일상적인 삶의 맥락들을 놓치게 된다면, 그때에 나는 불만족과 불편함을 느낄 것이다. 나는 아마도 누군가에게 도움의 전화를 걸어야만 할지도 모른다. 그러나 나는 혼돈이 나를 덮치고 있다는 것을 느끼지는 못할 것이다. 내가 정거장으로 가는 길에, 나의 신체가 늑대로 변하는 것을 느끼기 시작했을 때, 그때는 그것이 공황상태이든 아니든 간에, 나는 혼돈과 같은 상황 이상의 무엇인가를 경험하는 것이다. 들뢰즈와 가타리의 세계에서 혼돈은 바로 기관 없는 신체이다. 그것은 정신분열증적 신체이다. 내재성의 평면이다. 그곳에서, 사물은 형성되고 그들이 빠르게 형성되면 될수록 사물들은 서로 따로 떼어져 분화하는 것이다. 새롭게 독립된 질서는 견고하게 지켜진다. 그리고 결코 빠져나오지 않는다. 매우 작은 질서, 선율, 심장의 박동 그리고 혼돈은 멀어져간다. 가능성이 안정성의 고원으로부터 출현하는 것이다. 들뢰즈와 가타리의 혼돈의 이미지는 활동력이 없는 것과는 거리가 멀다. 그것은 지속적으로 만들어지고 또 파괴되고 있는 것이다.

> 혼돈은 그 무질서함에 의하여 정의되는 것이라기보다는 오히려 그 안에 윤곽을 갖는 모든 형태들이 사라져가는 무한한 속도에 의하여 규정된다. 비어있다는 것은 존재하지 않는 것이 아니라 실제적이며 모든 가능한 부분들을 담을 수 있는 것이며 모든 가능한 형태를 그려낼 수 있다는 것이다. 그 모든 것 은 오직 사라지기 위하여 솟아나는 것이다. 그것은 어떠한 일관성도 없고, 참조도 없으며 결론도 없다. 혼돈은 탄생과 사라짐의 어떠한 무한한 속도이다.(Deleuze and Guattari, 1991, 118)

오르페우스 Orpheus와 아리아드네 Ariadne

들뢰즈와 가타리는 음악과 정치 사이에 어떠한 연관을 만들어 냈다. 그 개념은 그 자체만으로 시작된 것이 아니었다. 오르페우스 Orpheus는 고대 신화에서 음악을 연주하면서 그리스를 발견한 인물로 극적으로 묘사되었다. 그는 야생의 동물들에게 동료로서 그려져 있는데 동물들은 서로 살육하기 보다는 그의 음악에 조용히 귀를 기울였다. 그리고 그는 야만적 전쟁 속에서 살기보다는 조화로운 도시 안에서 도시적 상태를 부여할 수 있는 법률의 고안자로서 표현되어져 있다.(Ballantyne, 1997, 181) 오르페우스의 노래는 혼돈으로부터 불러일으켜진 질서의 노래이며, 영토를 재확립하는 입법자의 노래이며 그 안에 다른 방식을 불어 넣는 것이며 그것은 새의 노래이다.[13]

건축이 동결된 음악이라는 말은 너무나 자주 언급되어 왔다. 그리고 비록 셸링 Schelling이 그러한 선례로서 주장하였다고 보이지만, 그러한 언급은 다른 영역의 사람들로부터 기인한 것이다.[14] 그 자체를 진부한 표현 cliché으로 남겼다고 하지만, 그것은 그 자체로 분명하게 진실이 되어가는 중이고 그 개념은 훨씬 자주 사유 속에서 구체화되었다. 그리고 그 어떠한 특별한 표현들이 의미하는 것보다도 더욱 고전적으로 구체화되었다. 예를 들어 르네상스의 비례에서, 고대 이집트와 인도 그리고 중국의 창조 신화에서 그러하다.(Pascha, 2004) 아리아드네 Ariadne의 실이 가진 압축된 울려 퍼짐은 바로 그곳에서 질서의 원리가 된다. 아리아드네의 실을 이용하여 테세우스 Theseus는 미노타우로스 Minotaur의 미로 labyrinth인 거대한 반-건축 anti-architecture으로부터 벗어날 그의 길을 찾았다. 분명히 그 미로는 음악을 파괴하는 어떠한 장소이다. 그 실로, 테세우스의 혼란은 녹아 없어지고 그의 통로는 분명해졌다. 니체 Nietzsche는 음악을 작곡하고 음악에 관하여 썼다.

그는 바그너 Wagner를 흠모하고 그 우상을 통하여 더 나아갔다. 그러나 이후 바그너가 매우 짐스러운 존재라는 것을 발견한 그 지점에서부터 전진해 나아갈 수 있었던 것이다. 비록 니체가 열정, 광휘, 디오니소스적인 것 Dionysian과 그리스적인 것 Greek을 남겨주고자 했다하더라도 그는 독일 민족적인 Germanic 것을 언급했다. 나는 니체의 글을 표현하고자 할 때에는 지속적으로 니체의 언어를 배경에 두고서 이야기할 것이다. 그러나 나는 니체가 '독일적인 것 Germanic' 이라는 어휘로 설명했던 것을 지금까지 '공통감각의 commonsensical' 이라는 어휘로 사용해 왔다. 그리고 나는 '공통 감각 common sense' 이라는 어휘가 어떠한 특정한 하나의 국가에 결속되는 것을 원하지 않는다. 니체는 비제 Bizet의 카르멘 Carmen에서 가장 훌륭하게 예시화된 긍정의 음악 affirmative music을 발견하였다. '이 음악은 내게 완벽하게 들렸다.' 고 니체가 말했다.(Nietzsche, 1888, 157) 들뢰즈는 아리아드네를 테세우스에 대한 애정으로부터 멀어져서 삶을 긍정하는 즐거운 디오니소스 Dionysus에게로 변화해 가는 존재로 묘사했다. 테세우스에 대한 귀속은 대단히 답답한 것이며 문자 이전에 '독일적인 German' 것이었다. 어떠한 시점으로부터 그녀의 세계가 안과 밖이 뒤집어질 것이다. 그리고 우리의 세계 역시와 같이 할 것이다. 더 이상, 미로는 혼란스러워 보이지 않는다. 그것은 어떻게 그러해야만 하는가에 대한 모든 이미지들로 변형되었다.

> 미로는 더 이상 건축물이 아니다. 그것은 낭랑하게 울려 퍼지며 음악적이 된다. 건축을 두 가지 힘으로 정의한 것은 쇼펜하우어 Schopenhauer이다. 그 힘은 생산하는 힘과 탄생되는 힘이다. 지탱하는 것이며 부여하는 것이다. 비록 그 두 힘이 서로 하나로 합해진다할지라도. 그러나 니체가 오래된 위선자, 음악가 바그너 Wagner와 더욱 더 그 스스로를 분리시켜가면서 음악은 이러한 것과는 매우 상반된 본질을 드러낸다. 즉 음악은 가벼움「*la Legére*」이었다. 그것은 순수한 무중력인 것이다.[15] 아리아드네의 완전한 삼각관계는 반 바그너적인 가벼움에 관한 증언을 담고 있지 않은가 ? 그것은 바그너 Wagner보다는 오펜바흐 Offenbach 그리고 슈트라우스 Strauss에 더 가까운 것이 아닌가 ? 지붕을 춤추게 하고 기둥들의 균형을 잡는 것, 그것이 바로 디오니소스 Dionysus, 음악가[16]에게 필요한 것이다. 분명히 아폴론적인 Appolonian 것도 존재한다. 또한 테세우스적인 Theseusian 측면도 음악에 존재한다. 그러나 음악이란 영토들, 환경들, 행위의 에토스 ethoses에 따라서 펼쳐져야 한다. 노동가, 기계의 노래, 춤 곡, 휴식을 위한 노래, 음주가, 자장가 . . . 그리고 거의 소박한 서민들의 노래다. 그 노래는 각각의 특별한 무게감을 지니고 있다.[17] 음악이 그 스스로 자유로워지기 위하여, 좀 다른 측면으로 나아가야만 할 것이다. 바로 그곳에서 영토들은 요동치고 그곳에서 구조들이 붕괴한다. 그곳에서 에토스는 서로 혼합되며, 대지의 강력한 노래는 폭발하는 것이다. 위대한 리토르넬로는 그것이 흘러가는 곳 어디에든 모든 분위기를 변화시키고 다시 그것을 반복하는 것이다.[18] 디오니소스는 다름 아닌 통로와 궤적들로서의 건축을 알고 있는 것이다. 그것은 이미 가곡 the lied의 분명한 특징이 아닌가 ? 어떠한 요구에 의하여 혹은 대지의 바람에 의하여 영토들로부터 펼쳐지는 것이 아닌가 ? 고귀한 자들 각자가 자신의 영역을 떠나 짜라투스투라 Zarathustra를 향하는 독자적인 길을 떠나는 것이다. 그러나 오직 열광적인 찬가 dithyramb만

이 대지에 널리 퍼지고 그 찬가 안에 바로 그 리토르넬로를 담고 있는 것이다. 디오니소스는 대지의 어디에나 존재하기 때문에 영토를 가지지 않는다.[19] 두 번째의 미로는 대지의 노래이다. 바로 리토르넬로이고, 그 자신이 영원회귀인 것이다. (Deleuze, 1993, 104)

글은 매우 암시적이다. 들뢰즈의 해석은 우리를 니체의 저작들이 갖는 암시속으로 끌어간다. 바로 독일 가곡 German lied과 그리스 찬가 Greek dithyramb사이에는 차이가 존재한다. 리토르넬로 ritornello는 들뢰즈와 가타리가 선택한 어휘 '*ritournelle*' 의 대안으로 번역한 것이다. 실제 이 어휘는 어디에서나 후렴 혹은 반복 refrain으로 사용된다. 그러나 여기에서는 비록 니체의 영원회귀와 뒤얽혀있기는 하지만, 결정적으로 회귀적 returning 속성이 관련되어 있다. 영원회귀는 니체의 저작들에서 중요한 개념이다. 그 개념은 바로 들뢰즈의 해석에서 언제나 되풀이되는 창조적인 순간이다. 그 순간은 누군가가 그 자신이 속해있다고 발견하는 환경에 응답하여 진정한 자발적인 마음의 충동을 통하여 사유하고 행위하는 순간이다. 그것은 사람들이 이미 오래 전부터 배워왔었던 응답으로서 혹은 그 자신의 의미를 다하는 것이라기보다는 그 자신을 가장 생생하게 살아 있다고 느끼는 순간들의 영원회귀인 것이다. 그것은 내가 생각하기에 빙켈만 Johann Joachim Winckelmann이 설명하고자 노력한 바로 그것이었다. 그 한 문장은 분명히 니체에게 알려졌을 것이다. 니체는 고대 그리스 문학에 뛰어난 천재였다. '사슴을 추적하는 날쌘 인디언들의 뛰어남을 보라! 얼마나 활달하게 그들의 열정을 드러내는가 ! 얼마나 유연한가 ! 그의 신경과 근육들은 얼마나 탄력적인가 ! 얼마나 쉽게 그의 일을 완수해내는가 ! 그러므로 호머 Homer가 그들을 그려낸 것이다.' (Winckelmann, 1755, 6)

빙켈만은 그리스인들을 그들의 환경에 의하여 형성된 존재로서 묘사했다. 그러나 그들은 자발적으로 행동했으며 직접적으로 삶의 자극들에 대응했다고 묘사했다. 니체의 표현으로 '세계와의 차이를 극복하기 위한 이 자발적인 그리스적 투쟁' 은 '독일적인 것 German' 으로 연관되었다.

그것은 상업적이고 실용적인 관점에서의 현대의 모든 세계를 표현하는 것이었다. 필리스틴적인 Philistine 그리고 활기 없는 것이었다. 그것은 시간에 맞추어 어떠한 주어진 작업을 완성하는 세계이고, 사태를 작동하게 했던 우리의 음악들을 기계가 생산하는 것이다. 그것은 공통 감각의 세계이다. 그리고 말러 Gustav Mahler에 의하여 불러 일으켜진 세계적 시각으로부터 조금도 나아갈 수 없게 되는 것이다. 말러의 오스트리아적 국민성은 게르만적 'the Germanic' 이라고 하는 니체의 범주에 속한다고 치부하지 않아야 할 것이다. 말러는 「*대지의 노래* Das Lied von der Erde」(The Song of the Earth, 1908)를 작곡했다. 'Territory「*La territoire*」는 독일을 의미하지만 the Earth「*La Terre*」는 그리스를 의미한다.' 고 들뢰즈와 가타리는 언급했다.

> 그리고 이러한 분열은 정확하게 우리가 로맨틱 아티스트의 상태를 결정하는 그 무엇이다. 그러한 낭만적 예술가의 태도에서 그들은 더 이상 멍하게 혼란에 직면하지 않는다. 오히려 분명한 토대를 받아들이게 된다. 그 깊이를 끌어안는다「*attirance du Fond* – the pull of the deep」. 작은 선율, 새들의 지저귐은 변화한다. 더 이상 세계의 시작이 아니라 대지위에 영토적 결합들을 이끌어 낸다「*elle trace sur la terre l 'agencement territorial*」. 더 이상 두 개의 조화로운 부분들로 이루어진 것이 아니라 서로 응답하는 것이다. 그것은 그 자체로 스스로 더 깊이있는 노래를 만들어 낸다 [*un chant plus profond qui la fonde*]. 그러나 또한 그것에 저항하기도 한다. 그것을 휩쓸어버리기도 하고 그 노래를 불협화음으로 울리게 한다. 후렴은 서로 나누어지지 않게 영토적인 노래와 대지의 노래로 구축되어 있다. 그 노래는 온 대지와 영토를 뒤덮어 퍼진다. 그러므로 「*대지의 노래* The Song of the Earth」의 끝부분에는 두 개의 모티브가 공존한다. 궁극적으로 그 둘 중 하나인 선율은 새들의 합창을 환기하고 또 다른 하나인 리드미컬한 움직임은 대지의 깊은 숨결을 드러낸다. 말러는 새들의 노래, 꽃들의 색채, 숲의 향기는 자연을 창조하는데 충분하지 않으며 디오니소스 신 the god Dionysus과 위대한 판 the great Pan이 필요하다고 이야기했다. 대지의 태초의 후렴 Ur-refrain은 모든 후렴들을 시작하게 만들었다. 그것이 영토이든 아니든, 혹은 모든 환경의 후렴들까지.(Deleuze and Guattari, 1980, 339, translation modified; v.o., 418).

결합 Consolidation

들뢰즈와 가타리의 저작에서 나타나는 주제들 가운데 하나는 환경의 해석적인 힘이다. 이 장에서 환경에 관하여 더 많은 이야기가 이루어질 것이다. 그러나 그러한 언급들은 다음과 같은 내용을 지적한다. 예를 들어,

> 철학자 뒤프렐 Eugene Dupreel「1879–1967」은 결합 이론 a theory of consolidation을 제안했다. 그는 삶이 그 중심으로부터 외부로 진행하는 것이 아니라 오히려 외부로부터 내부로 혹은 분리거나 분명하지 않은 집합상태로부터 결합으로 진행한다고 주장했다. 이 이론은 세 가지 사실을 의미한다. 첫 번째, 직선적인 인과관계를 이끌어낼 수 있는 어떠한 발단도 존재하지 않는다는 것이다. 오히려 집중화, 밀집화, 내밀화, 강화, 이입, 폭주 등의 수많은 관계의 사건들이 존재한다. 오직 삽입 intercalation에 의한 성장만이 존재한다. 두 번째로, 이것은 모순적 상태가 아니다. 분명히 간격, 불균형의 배분과 같은 배열들이 존재한다. 그러므로 종종 결합을 위하여 어떠한 비어있는 공간을 만들어내야 할 필요가 있다. 세 번째, 이종의 리듬들의 중첩 superposition이 존재한다. 상호결합된 율동성 interrhythmicity의 내부로부터 뚜렷한 표현의 부분들이 존재한다. 그것은 운율 혹은 박자의 부과로부터 생겨난 것이 아니다.[20] 결합은 무엇인가에 뒤따라오는 것이 아니다. 그것은 창조되는 것이다. 그 시작은 언제나 사이 in-between, intermezzo에서 이루어진다. 조화 Consistency는 결합과 같은 것이다. 그것은 이미 언급한 세 가지의 요소들에 의하여, 계열적으로 혹은 공존으로서 강화된 결합을 생산하는 작용이다. 건축은 거주의 예술이며 영통의 예술로서 이점을 증명한다. 건축에는 구축 이후에 생성되는 결합이 존재한다. 그리고 조화로운 구성 요소의 부분으로서 키스톤 keystone과 같은 유형의 결합이 존재한다. 더욱 최근에, 철근 콘크리트 건축 같은 사례에서 건축적인 조화를 위하여 수목적인 모형들 즉, 나무의 형태를 가진 기둥들, 가지와 같은 보, 잎사귀와 같은 볼트로부터 스스로 자유로워지는 것이 가능해졌다. 콘크리트는 이질적인 재료로 구성된 것일 뿐만 아니라 철근이 하나의 리듬에 따라서 삽입된 것이다. 그러한 조화의 정도는 그 요소의 혼합에 따라서 다양해진다. 더욱이, 그 내력구조의 표면은 더욱 복잡한 율동적인 개성으로부터 나온 것이다. 그러한 부재들의 연결은 서로 다른 단면과 다양한 간격을 가지고 있으며 그것은 일정한 간격을 두고 부여되는 힘들의 방향과 집중성에 따라 다르다. 그것은 구성하는 것 대신에 결합하는 것이다. 이러한 면에서 문학적이거나 음악적인 작업은 건축적인 측면을 지니고 있다. 버지니아 울프 Virginia Woolf가 말했듯이 모든 원자들에까지 침투되는 것이다.[21] 아니라면 헨리 제임스 Henry James의

> 이야기와 같이, 그것은 가능한 한 아주 넓은 부분까지 시작하고 정교한 문제의 부분까지 진행시켜가는 것이다. 그것은 더 이상 물질에 형태를 부여하는 문제가 아니다. 오히려 증가하는 풍요로움과 조화로운 물질의 정교한 조정의 문제이다. 그것은 증가하는 내적인 힘들에 박자를 맞추어 더 나은 것을 만들어 내는 것이다.(Deleuze and Guattari, 1980, 328-9)

삽입 Intercalation은 다양한 의미를 지니고 있다. 그 안에는 지질학적인 의미로서 분명히 다르고 구별되는 어떠한 지층들 strata 사이에서 발견되어지는 물질의 층을 의미한다. 들뢰즈와 가타리의 언급과 같이 강화 철근은 콘크리트에 삽입된다. 비슷하게 건축은 우리 삶으로 개입한다. 그리고 삶을 구조화하고 틀지운다. 버지니아 울프의 '원자 atoms'는 경험의 최소 원자를 의미한다. 그녀는 자신의 문학적인 구성의 과정에서 경험의 최소 원자들을 포함시키고자 한 것이다. 그녀는 그렇게 노력했으며 다음과 같이 언급했다.

> 그 순간에 모든 것을 부여하기 위하여, 무엇이든 포함시키고자 했다. 그 순간에 속해 있지 않는 사물들을 포함시킴으로써 쇠퇴, 죽음이 생겨났다. 사실주의자의 이러한 섬뜩한 서술적 작업. 점심부터 저녁식사까지 계속되었다. 그것은 거짓, 비현실, 단지 상투적인 것이다. 왜 어떠한 강박관념을 시가 아닌 문학에 유효하다고 인정하는가 ? 나는 무엇을 포화되었다고 하는가 ? [. . .] 시는 단순화에 의하여 완성된다. 실제로 모든 것이 사라진다. 나는 모든 것을 실제적으로 담아두고 싶다. 여전히 배어들게 하고 싶다. (Woolf, 1980, vol 3, 209-10, 28 November 1928)

누군가 이곳에서 표현된 심정과 들뢰즈와 가타리가 논의의 모든 단계를 분명히 설명하지 않는 방식 사이에는 어떠한 유사한 것을 발견할 수 있을 것이다. 헨리 제임스 Henry James에 관한 암시는 1909년 「*비둘기의 날개* The Wings of the Dove」에 추가한 서문의 문장에 언급되었다. 그 책은 건축에 관한 사유를 그려낸 책이다. 그는 소설의 입체성 혹은 소설 속의 인물의 입체성을 제안했다. 그것은 단단한 입방체로부터 잘려 나온 무엇이며 견고하게 구축된 것이다. 제임스는 여기에서 두 가지의 원칙적인 여성 주인공을 확실히 구성하는 방식을 논의하고 있다. 그러므로 밀리 시일 Milly Theale과 케이트 크로이 Kate Croy는 그 스토리가 그들에게 요구하는 행위들을 수행할 때, 독자는 그 인물들이 해야만 하는 사실들로서 그들의 행동에 그럴듯한 구실을 발견하는 것이다. 음악과 석조건축이 제임스의 언어에서는 하나로 혼화되어 있다.

시는 단순화에 의하여 완성된다. 실제로 모든 것이 사라진다. 나는 모든 것을 실제적으로 담아두고 싶다. 여전히 배어들게 하고 싶다.

> 중요한 요점은 모든 사건들에 존재한다는 것이다. 만약 그녀가 어떠한 곤경에 처해질 것이었다면, 따라서 그것은 곤경을 창조하게 되는 필연성에 의한 것이며 그것은 매우 견고하게 구축된다. 그러므로 우리들에게 그녀를 기다리고 있는 가능한 한 불길한 분위기를 전달해주어야만 하는 것이다. 나는 그러한 반향이 단지 절박하다기보다는 고무적인 것임을 발견하였다. 그래서 그러한 과정에서 다른 사건의 구성이 되는 열쇠에 관하여 둘러봄으로서 하나의 사건은 시작된다. 그것은 누군가 그것을 발견할 때까지는 오직 진행될 수밖에 없는 것처럼 불가능한 채로 지속된다.(James, 1909, x)
>
> 준비된 것처럼 그리고 그것이 마치 그러한 것처럼 기원하듯이, 전체 배경을 제시하는 것, 무엇인가 하나가 외부의 고리를 가지고 그 사건에서 시작된다. 좁아지는 사건의 범위에 의하여, 그러므로 이띠힌 중심에 나나르게 된다. [. . .] 나는 이것을 완벽하게 느꼈다. 나는 기억한다. 내가 나의 첫 번째 책에서 제시한 배경을 편안히 내려놓았던 그 순간으로부터, 그래서 밀리 Milly가 피상적으로 부재하게 되는 배경을 기억한다. 나는 어떠한 사례를 아마도 아주 조금 기억하는 것 같다. [. . .] 그러한 사건에는 가능한 한 훨씬 더 이전에 시작된 궁금함이 존재하고 그리고 그 호기심은 동일한 선율로 지금도 진행되고 있다. 훨씬 뒤에 드러날 그 주제가 가진 모습의 이면에서, 그것은 조금의 거리낌도 없이 그 자신을 드러내는 것이다.(James, 1909, xi)
>
> 출판은 어떠한 장인적 저술가가 재능으로 응답할 수 있는 타협을 요구한다. 그럼에도 불구하고 그러한 진실에 모든 측면에서 가장 뛰어나고 훌륭한 재능은 어떠한 사건과도 타협하지 않는다. 그 반대로 하나의 완전한 일치에 다다르고자 한다. 나는 내 이전에 있었던 경우들에서 나의 분열, 나의 비례, 전체적인 리듬을 느끼는 기쁨들은 어떠한 경우에도 순간적인 속성이라기보다는 오히려 지속적으로 유지되는 모든 것에 의지하고 있는 것이었다. 그것은 나의 변화를 위하여 충

분한 것이었다. 그러므로 그들은 그 자체로 훌륭한 것이었다. 그것은 진정으로 그러한 타협들을 위하여 충분한 것이었다. 나는 사실 책의 구성에 대한 어떠한 더 훌륭한 평가를 생각하고 있었다. 그러나 그러한 평가는 스스로 축소되어 단지 그 사건들이 따라야만 하는 법칙의 어떠한 표현들에 지나지 않게 되었다.

나의 분열, 나의 비례, 전체적인 리듬을 느끼는 기쁨들은 어떠한 경우에도 순간적인 속성이라기보다는 오히려 지속적으로 유지되는 모든 것에 의지하고 있는 것이었다.

우선적으로, 확립되고 있는 연속적인 구심점들의 즐거움이 존재한다. 구심점들은 그러한 사건들을 매우 사실적으로 만들어 냄으로써 주제의 부분들은 그 사건들에 의하여 통제된다. 마치 즐거운 시각에 의하여 그리고 그것으로부터 조율되는 것이다. 그렇게 통제되는 주제의 부분들은 다시 말하자면 잘 다음어진 재료로 만들어진 충분히 견고한 블록들 BLOCKS을 구성한다. 그것은 매우 날카로운 모서리로 입방체를 이루고 그러므로 무게와 부피를 지니며 힘을 전달한다. 그 블록들을 구축하기 위하여 사용하는 것은 효과를 만들어내며 아름다움에 기여하는 것이다. 그러한 블록은 사실상 케이트 크로이 Kate Croy의 완전히 준비된 표출이다. 내가 생각하기에는 그것은 처음부터 역할의 폭 amplitude이라는 용어로 그 자체로 완전히 따로 떼어 만들 것을 결정한 블록이었다. 역할의 폭이라는 어휘, 분위기 atmosphere라는 어휘, 그 밖의 어휘들. 그러한 어휘들만이 그러한 이미지들 내에서 충만함과 풍부함, 마음에 들어차는 그들의 힘을 주장할 수 있다. 그러므로 그 블록들은 측면과 이면을 가질 수 있는 것이다. 태양에 면한 부분들을 갖는 것과 마찬가지로 그늘진 부분들을 갖는 것이다. [. . .] 일반적인 구축의 과정은 그 블록들에 번호를 부여하는 순간부터 시작된다고 나는 이야기 했다. 그리고 그러한 과정은 나의 계획이 가진 진정한 모습을 보이게 될 것이다. 여전히 누군가의 계획은 슬프게도 하나의 사건이며 하나의 결과로서 다른 것이 된다. 그러므로 나는 아마도 나의 첫 번째이자 가장 훌륭했던 환상 아래에서, 그것이 기여해야만 하는 가장 적절한 특성들에 의하여 가장 훌륭하게 묘사된 것이 됨으로써 지금 내게 감동을 주고 있다고 이야기해야만 가장 올바를 것이다. [. . .] 케이트 크로이의 의식에 조금씩 더 많은 것을 감당할 수 있도록 부여하고 구성하는 것은 사례에서와 같이 사실상 그다지 가치없는 몇몇의 사건일 뿐이지만 수 백개의 밀접하게 쌓여진 블록들의 문제가 되었다. (James, 1909, xii-xiv)

잘 다음어진 재료로 만들어진 충분히 견고한 블록들 BLOCKS을 구성한다. 그것은 매우 날카로운 모서리로 입방체를 이루고 그러므로 무게와 부피를 지니며 힘을 전달한다. 그 블록을 구축하기 위하여 사용하는 것은 효과를 만들어내며 아름다움에 기여하는 것이다.

개인의 성장을 형성하는 경험과 감각의 영역들은 소설가의 등장인물을 구성하는 건축적 블록의 이미지로 전환된다. 그리고 그 블록들은 리듬 rhythms과 진폭 amplitudes을 참조하면서 발전한다. 물론 소설가는 단순하게 전달한다. 그러므로 우리가 제임스의 인물들에 응답하는 이유들 가운데 하나는 우리가 그들을 아는 것처럼 느끼는 까닭이다. 우리는 다양한 구성적 경험들을 그 글의 사건들과 함께 목격해왔다. 그러므로 어떠한 범위까지 우리는 대리적으로 그들의 직관적 지식들을 공유하는 것이다. 영화 산업이 그것을 배워 눈부시게 성장했다. 그러므로 우리는 스크린의 인물들과 함께 우리들도 감정을 나타낼 수 있게 되었다는 것은 그 좋은 교훈이다. 영화에서 그러한 기술적 부분은 관객들에게 있어서 감정을 연기자에게 투사할 수 있는 충분한 여지가 되고 있다. 그리고 편집자들이 가진 기술적 부분은 관객들이 얼마나 긴 여백을 요구하는가를 알고 있는 것이다.

주류영화로서 「*델마와 루이스* Thelma and Louise」(1991)는 탈영토화에 관한 스토리이다. 그 영화에서 인물들은 그들의 관습적이고 판에 박힌 일상의 과정으로부터 벗어나며 다양한 삶을 경험하고자 하며 동시에 상처 깊은 경험을 가지고 있다. 영화를 통하여 우리는 그것을 목격한다. 그리고 그들은 그랜드 캐니언 Grand Canyon의 절벽으로 자동차를 몰아 떨어짐으로써 죽음을 끌어안으며 삶을 마감한다. 절벽은 협곡 Monument Valley을 포함하여 일련의 놀라운 전망의 정점을 구성한다. 황량한 사막의 기후에서 대지의 장엄함을 이미지와 음악들을 결합시킴으로서 분명히 드러낸다. 사막이 여인들에게 영향을 끼친 이후에, 오래된 일상 속으로 되돌아가고 집으로 되돌아가기 보다는 그들이 죽음을 선택하도록 한 것처럼 보인다. 그것은 완전한 탈영토화이다. 델마의 오랜 삶이 전화기에 들리는 남편의 목소리 주변으로 영토화되어 있을 때, 우리가 그녀를 다시 붙들어 두고자 하는 것을 느끼는 순간이 있다. 그러나 그녀는 그것에 저항하고 그 대화를 부숴버린다. 이야기는 마치 광기와 절망으로의 몰락처럼 들려질 수도 있었을 것이다. 그러나 우리는 인물들의 경험을 통하여 그들과 같은 방식으로 우리는 느낄 수 있게 되고 그들과 함께 자살이 긍정적인 선택이라는 것을 받아들이게 된다. 그러므로 영화는 그들이 차를 몰아 절벽을 뛰어 내린 이후에, 차 안에서 동결된 구조를 지니며 완결된다. 그러나 그들이 뛰어내리기 이전에 이미 영화는 완성된다. 그들의 즐거운 순간들이 동시에 몽타쥬되고 고조된 리듬의 음악은 탈영토화가 해답이라는 이미지만을 남기고 사라진다.

이러한 경우에 남편 목소리는 영토화의 선율이다. 그것은 델마의 정신적 공간을 그녀의 삶을 구성해 왔었던 길들여진 일상적 생활의 틀로 구조화하는 것이다. 집안의 엉망진창인 가구들이 난장판으로 흩어져 있고 자신이 그녀에 대한 명령을 내릴 권리가 있다고 믿는 남편의 억측은 그녀의 자유와 감정들의 심연들과는 대조적이다. 그녀는 자신이 넓히고 있는 그녀 삶의 지평으로서의 길을 가면서 자유와 감정의 깊이를 경험하고 있었던 것이다. 영토를 확립한다는 것은 건축의 거대하고 당연한 역할이다. 기념비들은 하나의 노래이다. 건축물은 일반적으로 실질적인 영토를 구축한다. 그리고 자주 소유자의 소유물의 영역을 확장한다. 그러나 그러한 소유권은 제쳐두더라도, 그것이 규정하는 영토는 어떠한 에토스를 작동시키는 영역이다. 그곳은 작용의 장소이고 연병장이고 댄스홀이고 조용한 호텔의 라운지이고 환락적인 바이고 은밀한 침실이다. 거의 모든 정겨운 음악들의 장소들 hurdy-gurdy places이다. 건축은 우리가 해야 할 필요가 있는 것을 할 수 있도록 돕는다. 그리고 기존의 질서를 재각인한다. 혼란은 누군가 미래를 내다보는 것을 불가능하게 한다. 이것은 그녀의 탈출이전에 존재했던 델마의 건축인 것이다. 혹은 테세우스 Theseus의 건축이다. 신체적인 힘과 용기, 비범함을 보이는 평범한 시골청년의 영웅적인 군주로의 구체화이다. 그는 더 강력한 존재를 물리치기 위하여 오랫동안 훈련하고 힘을 기른 자이다. 그는 결코 미로를 혹은 미노타우로스를 이해할 수 없다. 그러나 그는 책략으로서 그 모두를 극복해나간다. 그것은 아리아드네가 그를 돕기 위하여 건네준 실이었다. 이러한 방식으로 영토를 구축하는 것은 필연적인 성장의 단계이다. 그리고 그것은 건축물이 일반적으로 가지게 되는 역할이다. '예술은 인간으로부터 시작되는 것이 아니다. 그것은 집으로부터 시작된다. 그것이 바로 왜 건축이 모든 예술에 우선하는가에 대한 이유이다.' (Deleuze and Guattari, 1994, 186) 집을 세우고 나서, 우리는 집 밖으로 나설 수 있는 것이다. 영토들이 뒤흔들리는 장소로서의 건축으로, 문화적 정신을 혼합시켜 창조해 낸 것으로의 건축으로 만들어 내는 것이다. 그러나 그것은 건물보다는 우리들 자신에게 영향을 미치는 작품에 더 가까운 것으로 보여진다. 더 높은 수준의 사람들 개개인은 그의 영역을 떠나게 되는 것이다. 그리고 구조는 붕괴된다. 디오니소스는 건축이 통로와 궤도의 건축에 다름아님을 알고 있었다. 그는 대지의 모든 곳에 존재하므로 어떠한 영토도 소유하지 않는다.

디오니소스는 건축이 통로와 궤도의 건축에 다름아님을 알고 있었다.

사막화 : 델마는 집으로 전화를 건다. Thelma Yvonne Dickinson역의 Geena Davis. (Thelma and Louise. Ridley Scott. 1991)

가정의 권력 구조는 재영토화된다. Darryl Dickinson역의 Christopher McDonald가 전화를 받는다. (Thelma and Louise. Ridley Scott. 1991)

하늘을 향하여 길을 벗어나 내달리는 모습. (Thelma and Louise. Ridley Scott. 1991)

집, 대지, 영토

건물은 기계의 부분으로 작동한다. 건물의 목적은 그 건물이 사용될 때, 작동할 수 있고 생산적이 되는 기계의 일부로 존재하는 것이다. 그리고 단일한 건물이 가진 목적은 작은 오두막이 가진 목적과 마찬가지로 매우 단순하지만, 서로 다른 시기에 서로 다른 사람들의 집단에 의하여 다른 방식으로 사용되고 점유될 수도 있는 것이다. 그러므로 건물은 서로 다른 기계들의 부분이 될 수 있을 것이며 각각 다른 경우에 다른 무엇인가를 생산할 것이다. 건축물이 가장 자주 무엇을 생산하는가? 그것은 영토이다. 그것은 특별한 질서가 유지되는 혹은 은연중에 확연한 것으로 드러나는 공간이다. 건물은 하나의 짧은 노래이다. 만약 영토가 특별한 목적을 성취하기 위하여 생산되는 것이라면 노래는 오히려 기계적인 노래이다. 그것은 노동곡이며, 행진곡이며, 일상의 흥얼거림이다. 그것은 우리가 관계할 수 있는 다양한 방식으로 우리를 결정함이 없이 새롭게 생성하는 무엇인가를 성취할 수 있도록 돕는 것이다. 그러나 그러한 과정은 일상적 상황에서 사실상 도움이 되지는 않을 것이다. 상업적인 장소들에서는 일상의 흥겨운 노래의 가치가 드러난다. 고음의 팝 뮤직은 그곳에서 팔고 있는 의류들을 상징하고 25세 이하에게 자극하는 것이다. 잘 조율된 소리가 울려나오는 클래식 음악은 서점에서 들려준다. 이국적인 최면성의 음악들은 호텔 승강기에서 들리는 것이다. 이러한 작은 음악들은 작은 영토들을 만들어 낸다. 건축은 그러한 영토들이 그들의 방식으로 작동하는 것을 돕는다. 그러나 그것은 매우 작은 지평을 가진 건축이다. 건축은 다른 가능성에 열려 있는 것이다. 바로 그곳에서 우리를 인도하는 것이다. 위대한 대지의 노래가 존재하고 그것은 모든 사물을 통하여 공명한다. 또한 궤도들의 건축이 존재한다. 그곳에서 만연해 있는 불필요하고 디오니소스적인 영토들을 용해시킴으로써 건물은 녹아 없어지는 것처럼 보인다. 우리들 대부분, 거의 모든 시간동안 우리가 지저귀는 새들 혹은 든든한 양떼들의 위치에서 스스로를 한정한다. 그러면서 우리 자신이라고 받아들이고 이해해왔던 영토 안에서 안정감을 느끼고자 한다. 그러나 우리 삶에서 가장 중요한 순간에, 우리가 가장 완전히 살아 있다고 느끼는 그 순간, 우리는 새로운 가능성을 개방시키는 불안정한 공간들을 통하여, 우리를 이동시키도록 하는 혼란스러운 자유를 통하여, 혹은 모든 영토들을 통하여, 모든 곳에서 자신을 드러내는 대지의 깊은 울림에 주의를 집중해야하는 것이다. 우리가 익숙해져 있는 일상적인 세계에서 살아가는 동안, 아무리 그러한 과정이 이해할 수 없고 비생산적인 것으로 보인다할지라도. 대부분의 순간, 일상적인 삶의 원인이 되는 음성은, 우리가 할 수 있는 유일한 일이란 델마가 전화를 거는 일밖에 없는 것처럼, 매우 강압적이고 제한적인 것으로 퍼지는 것이다.

chapter 4

파사드와 랜드스케이프

산 행

마음을 열고 외부로 눈을 돌려 본다면, 그곳에서 사물들은 우리가 알고 익히 그래왔던 영토와는 다른 것이 된다. 그리고 그것은 위험을 안고 있다. 만약 우리가 그 위험을 지속적인 습관으로 만들고자 한다면, 그때에 우리는 우리가 누구인지에 관한 감각을 잃어버렸다는 것을 발견하게 될 것이다. 그리고 정신분열증적이 되었다는 것을 알게 될 것이다. 「*Capitalism and Schizophrenia*」에서 들뢰즈와 가타리는 이러한 경향들을 받아들였다. 예를 들어 「*Anti-Oedipus*」의 도입부에서 방황하고 있었던 렌츠 Jakob Lenz (1751-91)는 그 자신이 예외적 수준에까지 그의 환경과 결속되어 있다는 것을 발견하였다. 그는 리보니아 Livonia (오늘날 라트비아 Latvia)에서 독일계 엘리트 집안에서 태어났다. 그리고 그는 독일에서 공부하고자 떠났고 그곳에서 괴테 Goethe에 심취했으며 질풍노도와 같은 일단의 낭만주의 시인들의 집단에 몰두했다. 오늘날 그는 주로 두 세대 이후에 활동한 뷔히너 Georg Büchner (1813-1837)에 의한 문학적인 작업으로 주로 기억되고 있다. 렌츠의 1778년 1월 20에서 2월 8일까지의 삶에 관한 뷔히너의 눈부신 재조명은 독일 문학사의 모더니즘의 축을 이루는 것이 되었다. 괴테는 귀족적인 무대로 물러났다. 그러나 렌츠의 정신적인 고통은 더욱 심연으로 빠져들어 갔고 그는 결국 그것을 감당할 수 없다고 느끼게 되자, 마지막으로 모스크바 Moscow에 안주하기 전까지 자신을 더욱 전원적인 삶과 환경으로 해방시키고자 하였다. 그의 사망기사가 독일에서 발표되기까지 모스크바에서 수년간 생활하였다.(Sieburth, 2004) 보주 산맥 Vosges mountains에 있는 도시 발트바흐 Waldbach에서 그의 정신적 지도자였던 오버린 Johann Friedrich Oberlin 신부와의 짧은 만남은 보베른 자신에 의하여 기록되었다. 그는 분명히 렌츠의 놀라움을 발견하였다. 그러나 그것은 매우 존경스럽고 마음을 조이는 것이었으나, 렌츠의 행동에 관한 그의 묘사는 단지 기이한 것으로만 보인다. 첫 번째 밤, 렌츠는 한밤중에 분수를 기어올라 오리처럼 그 주변에서 물놀이를 함으로써 이웃들을 놀라게 했다.(Oberlin, 1778, 85) 뷔히너는 이 사건에 매우 다른 평가를 내렸다. 그는 그것을 원래 그러한 대로 렌츠의 심적인 상태로부터 묘사하고자 노력했다. 그러므로 뷔히너의 이야기 속에서 렌츠는 발트바흐에 도착했다. 그리고 한 줄의 예외적인 문장에서, 뷔히너는 불안에 휩싸인 어떠한 장소의 이미지로서 고조된 혼란을 환기시킨다. 그러나 그것은 훌륭한 긴장으로 경험되는 것이다.

> 단지 이따금씩 비바람들이 구름자락을 계곡으로 밀고 들어갈 때, 그리고 그 구름들이 숲을 가로질러 위로 떠오를 때, 그리고 숲의 소리들이 마치 처음에는 멀리 산울림의 노도와 같이 바위들을 일깨우고 지나치고 그리고 나서 강한 돌풍에 다다르고 그 소리는 거친 즐거움의 함성으로 대지의 찬미를 노래하고자 하는 것처럼 들린다. 사납게 부르짖는 야생마들처럼 구름들이 내달린다. 그리고 그 사이로 햇볕이 쏟아지고 눈덮인 대지에 반짝이는 칼날처럼 서 있는 봉우리를 드러낸다. 그것은 봉우리를 넘어 계곡까지 눈부시게 빛나는 어지러운 태양의 빛이 칼날처럼 예리한 능선을 그려낸다. 혹은 종종 비바람이 구름을 아래로 몰아 맑고 푸른 호수를 찢어 담는다. 바람의 노래는 잦아지고 그리고 자장가의 웅얼거림처럼 들리다가 혹은 산골짜기 깊은 곳으로부터 다시 도드라져 오는 종소리의 울림으로 떠오른다. 그리고 전나무 끝자락들과 어렴풋이 붉은 기운이 깊고 푸른 하늘로 솟아오른다. 작은 구름 조각들은 은빛 산자락 위로 흩어진다. 모든 산들의 봉우리, 날카롭고 단단하고, 빛으로 반짝이고 희미하게 가려지고, 이 지방을 가로질러 펼쳐져 있다. 그는 그의 가슴에서 찢어져가는 무엇인가를 느꼈을 것이다. 그는 그곳에 서 있었고 숨을 헐떡거리고 몸을 숙여 앞으로 나아가며 눈과 입은 크게 벌리고. 그는 그가 비바람을 그 자신에게 이끌고 있다고 확신했을 것이다. 그 내부에 모든 것을 담고 있었다. 그는 모든 것을 대지위로 펼치고 드러내고 있었다. 그는 우주로 피신한 것이다. 그것은 그에게 고통을 안겨주는 기쁨이었다. 혹은, 그는 조용히 자신을 지키고 그의 머리를 수풀위에 눕히고 반쯤 눈을 감고 모든 것들을 그 자신으로부터 물리쳤을 것이다. 그의 대지는 그 뒤로 시들어지고 방황

하는 별처럼 작아지고 그 발아래 흐르는 맑은 물에 사라졌을 것이다. 그러나 이것은 오직 순간일 뿐이다. 그 다음 그는 일어나 잔잔하고 평안하고 고요해졌을 것이다. 마치 그림자놀이 shadow plays가 그 앞을 지나간 것처럼 그는 아무런 기억도 갖지 않은 것이다. (Büchner, 1839, 3-8)

이러한 렌츠는 완전히 탈영토화된 것이다. 적어도 이러한 그림자놀이의 시기동안에 그러했다. 그리고 비록 그 주변에 있었던 모든 것에 의미를 주지 못한다하더라도, 그는 어떻게 대지의 노래에 응답할지를 분명하게 알고 있었고 들었다. 들뢰즈와 가타리는 공간적인 대조에 관심을 보인다. 감금으로부터 해방으로의 움직임이 그것이다. 그것은 닫힌 공간에서 오베른과 이야기한 단계로부터 바깥을 거닐고자 움직이게 되는 대조적인 상황으로의 변화이다. 렌츠가 오베른과 있는 동안, 대화는 오직 그의 아버지와 어머니가 관계한 렌츠의 입장을 보이도록 한정되었다. 그 대화는 그러한 방식으로 통제되었다. 그것은 말하자면, 그가 가족과 오이디푸스화된 관계를 유지하고 있다는 것이다. 그 방이 갖는 제한은 그의 마음이 갖는 압박과 동등하게 작용한다. 영토화된 방과 벗어날 수 없는 영토화를 기계로 만들고자 한 신부와의 결합은 탈영토화하고자 하는 렌츠의 마음에 불편하지만 강력한 힘이 되었던 것이다.

한편으로 집 밖에서 산책을 즐기는 동안 그는 산 속에 있고 눈송이가 떨어지고 그것에는 다른 신들이 있건 혹은 어떠한 신도 존재하지 않던지 상관없이, 그리고 가족도 없고 아버지와 어머니도 없이 자연만이 함께하고 있었다. '나의 아버지가 바라던 바는 무엇인가 ? 그는 나에게 그것 이상을 줄 수 있는가 ? 불가능하다. 나를 편안히 놓아두길.' 모든 것은 기계이다. 천상의 기계들, 밤하늘의 별들과 무지개, 높은 산의 기계들이다. 그것 모두는 그의 신체와 연결되었다. 기계들의 지속적인 소리들이다. 분명히 그는 그것이 모든 형식들이 갖는 심오한 삶과의 접촉할 수 있는, 바위들과 금속들, 물과 나무들의 영혼을 가질 수 있는, 마치 꿈속에서처럼 달의 반짝임과 창백함으로 숨 쉬는 꽃과 같이 모든 자연의 요소들에 그 자신을 흡수시킬 수 있는 끝없는 행복의 느낌이라고 생각했다. 엽록소 기계가 되기 위하여, 혹은 광합성 기계가 되기 위하여, 적어도 그의 신체를 그러한 기계에 미끄러져가게 하기 위하여, 그러한 기계들 사이에 한 부분이 되게 하기 위한 것이었다. 렌츠는 그 자신을 인간과 자연의 이분법적 세계 이전의 시간에 비추어 보았다. 즉, 모든 근본적인 이분법적 사고들에 근거한 질서들이 생겨나기 이전의 시간으로. 그는 자연으로서의 본성으로 삶을 살지 않았다. 그는 생산의 과정으로 살고 있었다. 오늘날 인간 혹은 자연 어느 쪽으로서만 그렇게 존재하는 것은 없다. 오직 다른 한편 내에서 자신을 생산하는 과정만이 존재한다. 그리고 그 과정은 기계들을 하나로 연결시킨다. 생산하는 기계 producing-machines, 도처에 욕망하는 기계 desiring-machines이다. 정신분열증적 기계 schizophrenic machines, 모든 생물학적 종들의 삶의 모든 것이 그러하다. 바로 자아 the self와 비아 the non-self, 외면 outside와 내면 inside, 그것들은 더 이상 아무런 의미도 지니지 않는다. (Deleuze and Guattari, 1972, 2)

오늘날 인간 혹은 자연 어느 한 쪽으로서만 그렇게 존재하는 것은 없다. 오직 다른 한편 내에서 자신을 생산하는 과정만이 존재한다.

렌츠가 가진 자기 자신에 대한 감각은 완전히 경관 속에 혹은 경관의 요소들 속으로 흡수되었다. 단절에 대한 감각은 없다. 분리는 없으며 어떠한 경계도 그와 그의 주변 사이에 존재하지 않는다. 모든 형태들의 충실한 삶을 감각함으로써 그는 대지의 노래에 목소리를 더할 수 있는 위치에 있게 되었다. 혹은 그 노래의 일부에 그의 신체를 통하여 얻은 소리를 부여할 수 있었으며 만약 그가 그것을 익숙한 어휘로 번역할 수 있다면 그는 시를 통하여 그러했을 것이다. 들뢰즈와 가타리는 다양한 사물들과의 정신분열증적 시각을 통하여 세계의 이러한 비전을 상호연관시켰다. 그 안에는 그 자신의 이미지를 조망 속에 투사하고자 하는 일반적인 경향들도 포함되었다. 그리고 다른 것들도 포함되었는데 그것은 정주 문화와 유목 문화 사이의 지각들에 있어서의 변화들로 구성되었다. 우리가 세계를 이해하는 방법들 중 하나는 바로 그 안에서 반영된 우리 자신을 확인하는 것이다. 우리는 세계가 우리 자신과 같은 어떠한 방식으로 존재한다고 가정한다. 그리고 대부분의 경우 우리가 잘못 알고 있다. 세계는 우리를 지나쳐간다. 필연적으로 반대의 시각은 우리는 우리를 둘러싼 세계와 동일하다는 것이다. 영국의 시인 바이런 Lord Byron (1788-1824)은 렌츠보다는 낭만적이지 않다. 그는 그의 서사시 *Childe Harold*에서 그의 아이덴티티에 대한 감각을 변화하는 주변 상황에 연루된 소멸하기 쉬운 어떠한 것으로서 묘사하였다. 그는 다른 환경에서 다른 유형의 사람으로 변화한다. 그는 환경 안에서 자신을 확립하고 때대로 그것은 자유로운 것이고 두근거리는 일이다. 그러나 다른 때에 그 순간은 속박이며 달갑지 않은 것이 된다.

> 나는 내 안에 살고 있지 않다.
> 그러나 나는 나를 둘러싼 곳의 부분이 된다.
> 그리고 그것이 나이다.
> 높은 산들은 하나의 느낌일 뿐
> 그러나 인간의 도시 속 노래는 고통이다.
> 나는 자연 속에서 짐스러운 것은 아무것도 발견할 수 없다.
> 인간 세계의 사슬로 내키지 않는 연결이 되어버리는.
> 영혼이 달아날 수 있을 때, 모든 피조물들 가운데 하나가 되어
> 그리고 하늘과, 산봉우리와 물결치는 바다의 수면,
> 혹은 별들이 뒤섞인다. 그것은 헛되지 않는 것이다.
> (Byron, 1812-18, Canto 3, stanza 72)

이것은 뷔히너가 쓴 렌츠가 가진 것과 동일한 시각이다. 그러나 여기에서 바이런 자신은 그가 염원하고 있는 하늘, 산, 바다, 별과 혼화되기가 불가능하다고 느끼고 있기 때문에 저지된 상태로 놓여있다. 비록 여전히 자유롭지 못한 하나의 구체화된 피조물로 한계를 짓고 있으나 그럼에도 렌츠는 이미 그것을 실현하고 있었다.

흰 벽면, 검은 구멍 White wall, black hole

들뢰즈와 가타리에게 풍경 landscape을 다루는 가장 중요한 일치점은 얼굴 face의 일치이다. 얼굴은 지속적으로 현상적으로 다양한 가면들에서

재탄생한다. 그들의 얼굴은 두 요소로 만들어져 있다. 흰 벽체와 검은 구멍이다. 흰 벽체는 반영하는 스크린이다. 그것은 그 위에 투사된 어떠한 것의 정보를 반사하여 보여주는 것이다. 검은 구멍은 그와는 반대의 원리이다. 그것은 아무것도 보여주지 않는다. 그러나 모든 것을 그 안으로 삼켜버린다. 얼굴의 이미지에서, 눈의 동공은 검은 구멍이다. 전통적으로 눈은 영혼의 창이었다. 그러나 그것은 반드시 그러한 것으로 보여져야만 하는 것이 아니다. 중요한 사실은 그 흰 벽 너머에 무언가 알 수 없는 것이 존재한다는 것이다. 그것은 사고와 감정을 가진 주체 subject이다. 그것은 추측할 수 있다면, 오직 각인되거나 혹은 흰 벽 위에 투영된 기호들로부터만 가능한 것이다. 얼굴은 이러한 이중적인 작용을 한다. 배제와 흡수, 반영과 수용이다. 예를 들어 흰 고래, 모비딕 Moby-Dick은 에이해브 선장 Captain Ahab의 광기에 맞서는 흰 벽체이다. 선장은 고래에 그 자신의 완전한 강박적 망상을 투사한다. 그러나 고래는 그것을 되돌려 반사하는 것이다.

> 에이해브는 그 고래에 대하여 거친 복수심을 지니고 있었다. 더욱이 그것에 대하여 그는 광적인 병증에 빠져 있으므로 스스로를 자신의 모든 신체적 고통으로 이해할 뿐만 아니라 모든 지적이고 정신적인 격노와도 분간하지 못했다. 그 흰 고래는 모든 그러한 악의를 대변하는 유일한 광기의 화신으로 그 앞에서 헤엄쳤다. 그 고래는 그들이 반쪽 심장과 반쪽 가슴으로 살아가도록 남겨졌을 때까지 그들의 마음속에서 썩어가고 있었던 모든 것이었다. [. . .] 모든 광기와 고통들, 모든 것들이 사물들의 흐름을 진작시키고 있다. 그 안의 악의를 지닌 모든 진실들, 모든 것들이 근육을 마비시키고 머리속을 멈춰버리는 것이다. 삶과 사유의 미묘한 악의 숭배들이다. 모든 사악함, 에이해브를 미치게 하는 것은 시각적으로 인격화된다. 그리고 실제적으로 모비딕에게 공격적이 된다. 그는 태고적부터 내려온 인생의 모든 분노와 증오를 고래의 흰 등 위에 창을 던져 박아 놓는다. 그리고 나서 마치 그의 가슴이 화포이기나 한 것처럼 그의 뜨거운 심장의 탄환을 고래에게 폭발시켰다.(Melville, 1851, chapter 41)

흰 고래가 에이해브에게 보이는 무관심함은 에이해브에게는 그럴듯한 추측은 아닐 것이다. 일찍이 에이해브가 겪은 고래와의 만남은 깊은 상처를 남겼다. 그는 고래에게 한쪽 다리를 잃은 것이다. 그리고 그 자신의 모든 감각을 잃는 동안 고통을 견뎌야 했고 그러면서 점점 더 격렬해졌다. 그것은 기관 없는 신체이다. 그가 다시 정신을 차렸을 때, 그의 아이덴티티는 고래 주변으로 탈영토화되어 있었다. 그리고 이야기의 전개에 따라 그는 자신의 다리를 찢어 낸 고래를 미워하게 되었고 그 자신의 증오를 고래에게 투사하는 것이다. 그리고 고래를 추적하고 있다. 그러면서도 고래가 자신을 추적한다고 믿게 되는 것이다. 그것은 고래의 하얀 등이 냉담하게 그에게 다시 반사한다는 강박적인 악의에 찬 사고에 의하여 내몰려진 것이다. 그것은 그의 마음에서 모든 악의 실체로 성장한다. 모든 보이는 대상들을 all visible objects 에이해브는 다음과 같이 말했다.

> 그것은 거짓 된 마스크에 지나지 않는다. 그러나 모든 사건들, 모든 살아있는 행위에서 의심할 여지없는 사실은 그곳에서 알려지지 않은 것이다. 그러나 여전히 추론적 사실들이 생각할 수 없는 가면의 이면으로부터 모든 특징들의 형성하도록 한다. 만약 인간을 때려 부수고자 한다면, 그 가면이지만 부셔버려라 ! 어떻게 죄수들이 모두 벽을 뚫지도 않고 나아가 바깥 세상에 도달하겠는가 ? 나에게, 흰 고래는 바로 벽이다. 나를 밀어 제치고 있는 벽이다. 종종 나는 그 너머에 아무것도 존재하지 않는다는 생각이 든다. 그러나 이것만으로 충분하다. 그 녀석은 내게 짐을 지웠다. 그 놈은 내게 고통을 쌓아 놓았다. 나는 그 안에서 측정할 수 없는 악의로 폭발하는 힘을 본다. 그 불가사이한 대상은 흔히 내가 증오하는 것이다. 그리고 그것은 흰 고래의 대리물이 되고 혹은 흰 고래 자체가 된다. 나는 그 고래에게 그러한 증오를 갚아줄 것이다. [. . .] 나를 탓한다면 태양까지도 부숴버릴 것이다. 태양도 그러할 수 있다면야, 내가 무엇인들 못 하겠는가. 그러므로 여기에서 오로지 공정하다고 할 수 있는 것은 단지 그 증오 하나뿐이다. (Melville, 1851, chapter 36; quoted in part by Deleuze and Guatttari, 1980, 245).

들뢰즈와 가타리가 이야기하기에, 에이해브 선장은 모비딕 Moby-Dick과 불가항력적인 고래, 모비딕의 생성과 연관되어 있다. 그러나 동물인 모비딕은 동시에 결코 될 수 없는 순수한 백색이 되어야 한다. 그것은 희미하게 반짝이는 순수한 흰 벽이다.(Deleuze and Guattari, 1980, 304) 반짝이는 순수한 흰 벽은 영화의 스크린이다. 그러나 그것 뿐만은 아니다. 그것은 또한 꿈의 스크린 screen of dreams이다. 우리의 꿈의 이미지들이 배열되어 투사되는 곳이며 클로즈업되고 시야를 가득 채우던 젖가슴에 대한 유아기적 기억으로 분명하게 확인되는 스크린이다.(Deleuze and Guattari, 1980, 169) 그러한 상황은 얼굴 faces들의 클로즈업들이 영화 스크린 위의 풍경들 landscapes이 되는 그 이후의 삶에서 접근하게 될 것이다. 잉그마르 베르히만 Ingmar Bergman이 말하기를, '우리의 작업은 인간의 얼굴로부터 시작된다. . . . 인간 얼굴 face에 가까이 그려가는 가능성은 가장 중요한 독창성이며 영화의 두드러진 가치이다.' (Bergman, Cahiers du cinema, October 1959, Deleuze에 의한 인용, 1983, 99)

> 얼굴 face과 풍경 landscape의 규범들은 교육 즉, 엄격한 훈련을 구성한다. 그리고 예술이 그 대상에 영감을 준만큼, 예술에 영감이 되어왔다. 건축은 그러한 총체들의 위치를 결정한다. 집, 마을, 도시, 기념물, 공장 . . . 그들이 변형시키는 풍경 속의 얼굴과 같이 기능하도록 위치를 부여한다. 회화는 동일한 감동을 생산한다. 그러나 그 반대는 아니다. 풍경을 얼굴처럼 위치시키는 것 혹은 다른 것처럼 또 다른 하나를 다루는 것이 불가능하다. 이것이 얼굴과 풍경에 관한 해답인 것이다. 영화에서 클로즈업 close-up은 얼굴을 주로 풍경으로서 다루는 것이다. 그것은 바로 영화의 정의이다. 바로 검은 구멍과 흰 벽체, 스크린과 카메라의 정의이다. 그러나 더 이전의 예술, 건축, 회화 심지어 소설에서도 비슷한 한정들이 이루어졌다. 클로즈업은 그들 사이의 관계가 가진 모든 것에 생기를 불어넣고 창조한다. 그러므로 당신의 어머니는 어떠한 풍경 혹은 얼굴이 아닌가 ? 어떠한 얼굴 혹은 공장이 아닌가 ?(Godard.) 모든 얼굴은 알지 못하고 탐구되지 않은 풍경을 포장한다. 모든 풍경은 하나의 꿈꿔지고 사랑받았던 것의 정착이다. 그것은 얼굴의 그 무엇이고 얼굴을 발전시켜 무엇인가 발현하는 것이거나 혹은 이미 과거에 나타난 것이기도 하다. 얼굴이 풍경에 통합시켜 떠올리지 못하는 그 무엇, 바다와 언덕. 그 대상이 가진 선들과 특징들에 의외의 보충을 더함으로써, 완성된 얼굴을 떠올리지 못할 풍경은 무엇인가 ? (Deleuze and Guattari, 1980, 173)

논의에 있어서 그다지 중요한 점은 아니지만 그럼에도 어휘가 어떻게 생성되었는가에 대한 과정은 중요할 것이다. 이 문장에 쓰여진 어휘들, 얼굴 face은 프랑스어로 *visage*이고 풍경 landscape은 프랑스어로 *paysage*이다. 두 어휘는 듣기 좋고 서로 연관된 것처럼 들린다. 들뢰즈와 가타리의 논의에 의하여, 두 어휘로부터 새로운 용어가 발전되었다. 그것은 *visagéité*과 *paysagéité*이다. 그것은 영어로 번역하자면, 얼굴성 faciality과 조망성 landscapicity이다. 이 번역은 더욱 껄끄러운 단어가 된다. 그렇지만, 이 문맥에서는 유용하다. 들뢰즈와 가타리는 12세기 후반 크레띠앙 드 뜨루아 Chrétien de Troyes의 「*성배의 전설* Legend of the Grail」을 인용한다.

> 소설에서 페르시발 Perceval은 눈처럼 눈부시게 빛나는 거위들이 떼를 지어 나는 것을 보았다. [. . .] 한 마리 매가 그 무리로부터 벗어나고 있는 거위를 발견하였다. 매는 그 거위를 공격하고 일격을 가했다. 그러자 거위는 땅위에 떨어졌다. [. . .] 페르시발은 거위가 누워있는 곳에서 여전히 선명한 피와 함께 녹아내리는 눈을 발견했다. 그는 창 lance에 기대어 핏자국이 눈과 함께 녹으면서 연인의 얼굴에 띠는 홍조와 같이 되어가는 것을 응시하고 있었다. 그는 명상에 잠기고 있었다. 여인의 하얀 얼굴에 홍조 띤 볼은 마치 눈의 순수위에 떨어진 세 방울의 핏자국과 같았다. 이 광경을 응시하는 동안 그것은 마치 아름다운 연인의 얼굴에 살색을 보고 있는 듯한 느낌을 주었고 그를 만족시켰다. [. . .] 우리는 한 기사가 그의 말 옆에 잠들어 있는 것을 보았다.(Deleuze and Guattari, 1980, 173)[22]

그리고 그 이야기는 들뢰즈와 가타리의 관점에서 계속된다.

> 모든 것이 그곳에 있다. 얼굴과 풍경에 특별한 잉여, 풍경-얼굴 landscape-face「*paysage-visage*」의 눈처럼 하얀 벽체, 매의 검은 구멍 그리고 벽 위에 뿌려진 세 방울의 피. 그리고 동시에 긴장 상태에 깊이 빠진 기사의 검은 구멍으로 말려 들어가는 풍경-얼굴의 은빛 윤곽. 얼마간 시간 동안에 그리고 어떠한 조건에서 기사는 마음의 움직임을 더 이상 평화롭게 유지할 수 없게 된다. 검은 구멍을 가로지르고 흰 벽체를 헤져 나가고 얼굴을 분해해 가는 것이다. 비록 그러한 시도가 무모한 것이 되더라도 말이다. Deleuze and Guattari, 1980, 173)

하얀 눈, 어두운 옷, 짙고 붉은 핏자국. (Dangerous Liaisons directed by Stephen Frears ,1988)

크레띠앙의 이미지는 충격적이다. 그뿐만 아니라 놀라울 만큼 극적이다. 그것은 *Dangerous Liaisons* (1988)의 마지막 장면들로부터 강력하게 마음속에 이미지를 그려볼 수 있다. 그 장면에서 결투가 끝나고 비콩트 데 발몽 Viscomte de Valmont은 그 자신도 놀랐겠으나 치명적인 상처를 입는다. 그리고 장면은 공중에서 보는 시각으로 변화하고 그 평면에서 우리는 어떠한 주검의 향기를 확인하게 된다. 검은 옷들과 짙고 붉은 피가 상처를 따라서 드러나고 주변의 순결한 눈 위에 그 흔적들이 남겨진다. 승리를 거둔 그러나 천진난만한 당스니 Chevalier Danceny는 하인이 점잖게 발몽의 의복을 만지는 동안 정신적 충격 상태에 놓여 있다. 여기에서 요지는 장면이 마치 얼굴처럼 보인다는 것으로는 충분하지 않다. 그보다는 스크린을 형성하면서 그 장면이 얼굴이 작용하는 방식으로 작용한다는 것이다. 그러면서 그 이면에 어떠한 표현을 발견할 수 있는 무엇인가를 담고 있는 스크린 위에서 어떠한 흔적 그리고 상징의 목적으로 제시된다는 것이다.

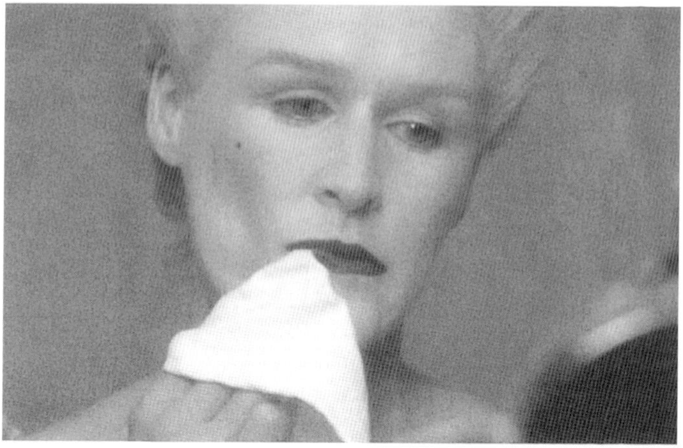

하얗게 칠해진 피부, 어두운 눈, 핏빛 붉은 입술, 마르퀴스 드 메르퇴이유 Marquise de Merteuil 역할의 글렌 클로즈 Glenn Close. (Dangerous Liaisons directed by Stephen Frears ,1988)

눈 덮인 대지의 백색성은 피의 자취들을 담는다. 그리고 어두운 흔적들은 표면의 찢어냄으로써 만들어지는 것이다. 그것들은 무엇이 진행되고 있는가를 표현하는 기호들이다. 그것은 또한 마르퀴스 드 메르퇴이유 Marquise de Merteuil의 이후 얼굴의 이미지와 공명한다. 그녀는 그 장면에 나타나지는 않지만, 이 살육의 직접적이고 즉각적인 원인이다. 결투의 순간에 그리고 그의 죽음의 순간에, 발몽은 그것을 이해하는 유일한 인물이다. 그러나 그는 죽어가면서, 그의 자객에게 마르퀴스 부인을 파멸시킬 수단을 건네준다. 영화의 마지막 장면의 이미지는 그녀가 그녀 얼굴의 화장을 지우는 것을 보여준다. 그리고 그녀는 그녀의 페르소나 persona를 스스로 벗는다. 그녀의 화장은 그녀의 얼굴을 이미 창백한 얼굴 만들었고 그녀의 짙은 핏빛의 붉은 입술을 보여준다. 반대로 이미 마스카라로 어두워져 있는 그녀의 눈은 그림자가 드리운다. 그녀의 얼굴은 살육의 얼굴이다. 살육의 향기는 바로 그녀의 얼굴이다. 이미지는 크레띠앙의 이미지와 마찬가지로 서로 간에 힘을 불어 넣는다. 그리고 상징화 과정에서 붉은 것과 흰 것의 강화요소들이 지워지는 것과 마찬가지로 얼굴은 표현력을 잃고 사그라져 간다. 그것은 절대적으로 흰 벽이다. 우리들 관객들은 인물이 생각하고 있고 느끼고 있을 것들에 관한 우리의 감정을 그 흰 벽 위에 투사한다. 그 안에서 생성되는 것은 더 이상 아무것도 없다. 오직 우리들 자신의 감정들만이 우리에게 되돌아오는 것이다.

들뢰즈와 가타리는 또 다른 사례를 언급한다. 말콤 로우리 Malcolm Lowry의 「*Ultramarine*」에서 장면들은 보트의 기계장치에 의하여 지배받는다.

> 물에 빠진 한 마리 비둘기가 상어떼의 공격을 받는다. 마치 붉은 잎사귀가 하얀 급류에 떨어진 것처럼.(Lowry, 1933, 170) 그리고 이 모습은 확실히 핏빛 얼굴의 이미지를 떠오르게 한다. 로우리의 장면은 그러한 다른 요소들에서 구체화된다. 그리고 그것은 특별히 조직화되어 크레띠앙 드 뜨루아 Chretien de Troyes의 장면에 의하여 영향을 받았다는 의문은 전혀 없다. 오직 그것과 합류점을 지니고 있다. 이것은 심지어 진정한 검은 구멍의 존재에 대한 더 나은 확증을 이끌어 낸다. 혹은 붉은 흔적과 흰 벽의 추상기계를 만들어 낸다. 여기에서 눈은 물이 된다. (Deleuze and Guattari, 1980, 533, note 8)

그러므로 얼굴의 개념은 일단 확립되고 나면 매우 유동적이고 융통성을 지닌다. 우리는 그것을 어디에서나 발견한다. 그러나 그것은 보편적인 것은 아니다. 과거의 어떠한 시점에서 그것은 우리가 요구하는 개념이었다. 그리고 그것은 정신분열증적 상태가 잃어버릴 수 있는 개념이다.

> 얼굴을 벗겨낸다는 것은 보통의 사건이 아니다. 광기는 치명적인 위협이다. 분열증 환자가 그들 자신과 다른 사람들의 얼굴의 감각을 잃어버리고 풍경의 감각을 잃어버리며 언어의 감각과 동시에 모든 통제적 의미들을 잃어버리는 일은 우연히 일어나는 것인가 ? 얼굴의 조직화는 매우 강력한 것이다.(Deleuze and Guattari, 1980, 188)

그럼에도 불구하고 얼굴은 모든 문화에서 발견되는 것은 아니다. 가면의 얼굴 mask-face은 그 자체로 그 이면에 있는 얼굴을 머리로부터 분리시키는 인상을 준다. 그것은 들뢰즈와 가타리가 특별히 예수 그리스도 Jesus Christ와 연관시켜 확인한 개념이다. 백인 White Man과 연관을 맺어 온 문화는 세계를 다루는 또 다른 방식들을 발견해 왔다. 그러한 흔적은 자유롭게 부유하는 환영 phantasm으로서 얼굴 face보다는 오히려 신체의 부분으로서 머리를 강조할 수 있었다. 이러한 탐침과 같은 머리들 probe-heads은 세계를 개념화하고 우리들에게 매우 당연하고 필연적인 것으로 보이는 이러한 풍경으로서 얼굴에 대한 그림조차도 없이 그 개념을 다룬다.(Deleuze and Guattari, 1980, 176)

얼굴에 의하여 어떠한 유형의 힘의 관계 power-relation가 가능해진다. '수유하는 동안 얼굴을 통하여 작용하는 모성애적 힘. 비록 부주의 할지라도 사랑받는 사람의 얼굴을 통하여 작용하는 열정적인 힘. 비록 그것이 집단행동이라도, 리더의 얼굴에 작용하는 정치적인 힘, 광채, 성상, 사진들. 인기 스타의 얼굴과 클로즈업을 통하여 작용하는 영화의 힘. 텔레비전의 힘' (Deleuze and Guattari, 1980, 175) 들에 의하여 두 눈으로 연결된 기본적인 얼굴들로 만들어진 '네 개의 눈을 가진 기계 four-eye machine' 가 존재한다. 그것은 선생과 학생의 얼굴, 아버지와 아들의 얼굴, 노동자와 고용주의 얼굴, 경찰관과 시민의 얼굴, 피고인과 판사의 얼굴이다. 판사는 단호한 표현을 걸치고 있다. 그의 눈은 모든 것을 아는 것 같다. 분명하게 개성화된 얼굴들이 생산된다. 그리고 이러한 단위와 이러한 단위들의 조합들을 바탕으로 변화한다. 마치 강한 사내아이의 얼굴에서 군사소집이 이미 당연한 것으로 보이는 모습이 나타나는데 그것은 사관생도의 턱이다. 여러분은 얼굴을 가진다기보다는 어느 한 얼굴로 미끄러져가는 것이다.(Deleuze and Guattari, 1980, 177)

들뢰즈와 가타리는 얼굴의 발전에 있어서 결정적인 순간으로서 상처 받은 신체가 얼굴화 facialization되는 그리스도 Christ의 사례를 발견한다. 그리스도는 그 자신의 전 신체가 얼굴화되는 것을 관장할 뿐 아니라 그 자신을 둘러싼 환경 milieus의 풍경화 landscapification를 관장한다. 그러나 그는 모든 것을 기본적인 얼굴을 사용하여 구성한다. 그리고 그의 뜻대로 모든 것으로부터 분리를 얻는다.(Deleuze and Guattari, 1980, 178) 1946년 말 들뢰즈는 그의 에세이를 출간하였다. 분명히 그의 첫 출간된 한 에세이의 제목은 「*그리스도로부터 부르주아로* From Christ to the Bourgeoisie」이다. 그것은 자본주의에 관한 전제조건으로서 어떠한 실제적인 것을 확인하는 것이었다. 그리고 논의는 「*천개의 고원* A Thousand Plateaus」에서 이어졌다. 신체 body는 지나치게 코드화 overcoded되고 재영토화 reterritorialized되었다. 새로운 주체 subject가 만들어진 것이다.

> 독재적 구성 집합 assemblage이 없이 아무런 의미도 없으며 권위적 구성 집합이 없이는 아무런 주체화 subjectification도 일어나지 않는다. 그리고 기호화의 주체를 통하여 작용하고 영혼과 주체에 작용하는 권력의 구성이 없이 둘 사이에 어떠한 혼합도 일어나지 않는다. 새로운 기호적 시스템에 그와 같은 제국주의적 수단들을 부여하는 것은 이러한 집합, 이러한 독재적이고 권위적인 형식화이다. 다르게 말하자면, 그러한 것들이 다른 기호들을 파괴하고 외부로부터 어떠한 위협에도 스스로를 보존할 수 있는 수단을 제공하는 것이다. 그래서 잘 조율된 작용들은 다차원적이고 다성적 기호들이 작동할 수 있는 신체를 그리고 신체상의 동등한 것들을 제거하는데 쓰인다. 신체들은 통제되고 육체성 corporeality은 해체된다. 동물 되기 becomings-animal가 부추겨지고 탈영토화가 새로운 출발점으로 내몰린다. 유기적 층위로부터 의미와 주체의 층위로 도약이 이루어지는 것이다. 표현의 유일한 실체가 생산되는 것이다. 백색의 벽체와 검은 구멍의 시스템이 구축되는 것이다. 혹은 주체의 자율성과 함께 기호 주체의 전능을 가능하게 하고 확증해야 하는 추상기계가 생겨나는 것이다. [. . .] 우리의 제복과 옷차림 그리고 원시적 화장과 예복은 이전의 기계들이 원재료가 가진 흰 벽체에 대항하여 검은 구멍의 단추들을 통해 신체의 얼굴화 facialization로서 작용한 것이다. 심지어 여기에서 가면은 오래된 가면의 정확히 정반대의 것으로 새로운 기능을 가지게 된다. 부정 negative의 가면을 제외하고 가면에는 단 하나의 기능이 부여되는 것이 아니기 때문이다. 어떠한 경우에도, 심지어 가면을 보이거나 벗는 동안에도, 가면은 은폐하고, 숨기지 않는다. 마스크는 원시 사회의 경우처럼 그의 머리가 신체 the body 그리고 그 신체의 동물 되기 becoming-animal에 속해 있다는 것을 확인하거나 오늘날의 경우처럼, 마스크는 얼굴의 설정 erection, 구축 construction을 확인하는 것이다. 그것은 얼굴의 비인간성 inhumanity인 것이다.(Deleuze and Guattari, 1980, 180-81)

형식화의 목적은 단추가 아니다. 그것은 의복이 기의가 배제된 상태에서 기표에 의하여 일어나는 의미화 과정 signifiance의 영역에서 역할을 한다는 사실이다. 매우 원시적인 사회 조건에서 우리는 의복은 보온을 목적으로 혹은 태양광을 가리기 위하여 입었을 것이다. 그러나 다른 목적들이 관계하면서 의복의 기능들이 작용하기 시작했다. 그것은 바로 은폐와 노출, 품위와 예절의 개념이다. 그러나 일반적으로 우리시대의 일상적 행위들에서 의복이 가진 이러한 기능들은 우리들에게 그다지 문제시 되지 않는다. 우리는 의복이 지니고 표현하는 기호들에 더 많은 관심을 가지고 있다. 그러한 기호들은 훌륭하게 미묘한 차이들을 불어 넣는다. 그리고 우리가 아침에 입고 나가는 의복에 어떠한 제한도 주지 않는다. 줄무늬 띠를 머리에 덧대거나 일광욕 침대에서 피부를 태우는 것도 옷을 입는 것이다. 그것은 우리에게 그것을 입는 사람에 관한 무엇인가를 이야기 한다. '오늘날 건축물의 아름다움은 우리에게 무엇인가 ?' 라고 니체가 물었다. 그는 그 스스로 답을 내리기를 그것은 '무언가 가면과 같이, 마음을 보이지 않는 여인의 아름다운 얼굴과도 같은 것이다.' 라고 했다.(Nietzsche, 1878, 218)

우리는 건축물을 우리가 유니폼을 걸치듯 입고 있다. 예술가는 검은 옷을 입는다. 회계사들을 특별한 유형의 스트라이프 양복을 입는다. 자연보호론자들은 트위드를 입는다. 건축가들은 그들이 창조적이라는 것을 드러내기 위하여 검은 옷을 입는다. 그리고 더 많은 돈으로 신임을 얻어야 할 때에는 스트라이프 양복을 입는다. 그리고 역사적인 건축물을 다룰 때는 트위드를 입는다. 건축물은 그 건물을 이용하는 사람들과 그것을 지켜보는 외부 세계의 사람들에게 전달하고자 하는 의미의 파사드 facades를 입는다. 르르와 구르앙 Leroi-Gourhan은 두 개의 다른 극단, 핸드툴 hand-tool과 페이스 랭귀지 face-language사이의 분명한 차이점과 연관성을 세워 놓았다. [. . .] 그것은 내용의 형식과 표현의 형식을 구분하는 문제였다.

무엇인가 하는 것과 무엇인가를 소통하는 것 사이에 분명한 구분을 만들었다. 궁극적으로 그러한 작업은 분명한 구분을 유지할 수 없었다. 그러나 어떠한 환경에서 그 용도를 가진 것들은 분리된다는 것이었다. 그것은 윅스퀼 Uexküll에 있어서 동물의 지각세계 Merkwelt 사이에 분명한 것이었다. 지각 세계는 감각의 기관들(le monde noté)을 통하여 포착되는 것이며 그 작용 세계 Wirkwelt는 바로 행위의 세계이다. 그것의 원동력이 되는 습관 its motor-habits (le monde agi)이다. 이러한 두 세계는 동시에 생물학적 환경 Umwelt을 만들어 낸다. 이 어휘는 일반적으로 영어 *environment*으로 프랑스어로는 *milieu*로 번역된다.[23] 우리에게 지각세계 *Merkwelt*는 눈과 귀, 피부, 코와 혀를 통하여 얻어진 정보들로 이루어진다. 그것은 개의 지각세계, 진드기의 지각세계, 박쥐의 지각세계와는 다른 것이다. 그러한 동물의 지각세계는 우리와는 다른 감각 기관들을 가지고 있기 때문이다. 건축물에서 누군가는 우리가 무엇을 하는데 도움이 되는 건축물의 여러 부분들에 대하여 비슷한 구분을 가질 수 있을 것이다. 그 부분들은 우리의 실제적인 행위들을 울타리짓는 것이다. 그리고 그 영역들은 우리가 사물들을 기호화는 것을 돕는다. 즉 의미의 전달을 소통하는 것이다. 물론 두 영역 사이에 존재하는 구분은 견고한 하나가 아니다. 어떤 집은 우리가 동려를 발견 할 수 있도록 높은 지위를 기호화하는 집, 혹은 더 폭넓은 범위의 친구를 얻도록 할 수 있는 집일 수도 있다. 그럼에도 불구하고 건축물에는 원동력이 되는 기능들을 소통하는 측면이 있다. 그리고 기호화 영역에 속한 부분들도 있다. 만약 우리가 존 클레어 John Clare의 오두막으로 돌아간다면, 그 때에 건축물은 의미 생성 signifiance의 시스템 속에서 아무런 규정된 장소도 가지지 못하는 것은 분명한 것이다. 그 내부에서 생성되는 사건들의 상태에 따라서 만족을 얻게 된다. 그러한 모든 사건은 가족의 유대감을 통하여, 벽난로와의 관계, 담배 파이프, 개, 안락의자, 침대 등의 관계들을 통하여 주체 형성 subjectification의 과정에 관계하는 것이다. 그것은 바로 검은 구멍 black hole이다. 그 내부로부터 보이는 것은 검은 구멍과 같지 않다. 실제적인 목적에서, 그것은 외부로부터는 보이지 않는다. 그것은 의미 생성 signifiance이 아니라 주체화 subjectification를 통하여 형성되는 내적인 만족을 생산하는 것이다. 대조적으로 마리 앙투아네트 Marie-Antoinette의 오두막은 얼굴화되고 있다. 그것은 분명히 기호화된 세계의 부분들이다. 그리고 그 시작부터 기호로서 작용하는 것이다. 그것이 주체화의 과정에서도 작용하는 부분을 가진다는 것은 분명하지 않다. 실제적으로 진행되고 있는 작용들은 무시해도 좋을 측면들에도 효용성을 생산할 수 있다. 그러한 방식으로 내부의 실제 작용들이 과기호화되어 overcoded 있다하더라도 주체화에 반드시 작용한다고 할 수 없다. 여기에서 에로틱한 놀이들은 목장에서 우유를 짜는 것보다 지금 진행되고 있는 더욱 중요한 부분이 된다.

목장의 여인처럼 옷을 차려입는 것은 목장 여인의 일을 하는 것보다도 이러한 특수한 환경에서 우유를 짜는 일 보다도 더욱 중요한 일이다. 마리 앙투아네트의 목장일은 검은 구멍이기 보다는 흰 벽체이다. 그러나 그것은 그녀가 행위해야만 할 필요를 느낀 무엇에 대한 표현이다. 여기에 진행되고 있는 주체화의 과정이 존재한다. 그러나 물론 그것은 마을에 한정된 것이 아니다. 더 가까운 곳에 극도로 얼굴화된 건축물은 바로 베르사유 Versailles 궁이다. 그것은 왕의 페르소나 persona를 구성하고 그와 그의 저택의 관계를 구성하는 이국적이고 정교한 주체화의 장치이다. 상징과 기호의 모범적이고 상상할 수 없는 복합적인 상호작용인 것이다. 채색된 천장아래 금이 입혀진 홀들, 번쩍이는 샹들리에, 무한한 굴절과 반사. 정원을 향한 파사드의 흰 벽체는 그 중심에 왕의 침실이 면하고 창의 검은 구멍은 그 내부의 주체화의 거대한 총체를 암시한다. 순수하고 우스꽝스러운 오두막의 작고 검은 구멍들은 궁전의 검은 구멍들로 이루어진 거대한 심연의 위성들이다. 그것은 1793년까지 마리 앙투아네트가 다른 모든 왕가의 가족들과 저택의 관리인들과 함께 사용했던 것이다.

의미화 Signifying

건축적인 전개로서 파사드는 단지 그러한 것으로 남겨지지 않는다. 심지어 매우 높은 수준의 건축에서도 마찬가지다. 들뢰즈와 가타리의 얼굴성 faciality의 그리스도 Christ에 관한 확인에서 보여주듯이, 사람들은 그러한 얼굴성을 교회에서 성장하고 있는 것으로 보고 싶어 한다. 그리고 성당의 서측 거대한 입면에서 발견하고 싶어 하는 것이다. 특별히 솔즈버리 성당 Salisbury cathedral 혹은 루카 Lucca와 피사 Pisa의 교회들에서는 서측 파사드는 그 뒤 건물보다도 훨씬 높게 세워져 있다. 그러므로 더 크게 기호화되는 것이 가능하게 된다. 더 많은 조각상들과, 더 많은 아치, 더 많은 장대들이 세워져 있다. 플로렌스 Florence의 산 미니아토 알 몬테 San Miniato al Monte의 로마네스크식 교회에서는 더욱 강조되어 있다. 그곳에서 작용세계 *Wirkwelt*는 블록과 석회암의 구조로 구축되어 있다. 반면에 매우 얇은 판재의 백색과 다른 색상의 대리석들이 외부 파사드와 의미 생성 signifiance의 세계에 속해있는 내부에 부착됨으로써 지각세계 *Merkwelt*가 구축되고 있다.

이 하얀 벽은 알베르티 Alberti가 산타 마리아 노벨라 Santa Maria Novella의 파사드를 리모델링할 때, 도시를 가로질러 흡수하고 반영하였던 벽이다.

플로렌스 Florence, 산 미니아토 알 몬테 San Miniato al Monte의 파사드 Façade, 1090년 이후.

도시 한가운데, 루첼라이궁 Rucellai palace에 훌륭하게 디자인된 파사드를 세워놓은 것도 알베르티였다.

그 입면은 정교하게 얼굴화된 주거 건물이다. 루첼라이 궁에서 파사드의 거칠게 다듬은 모서리는 특히 그 모습을 마스크와 같이 보이도록 만들었다. 그렇게 함으로써 그것은 특히 더 분명하게 얼굴성 faciality의 개념을 표현한다. 그러나 그것은 주거용 건축물의 이러한 흰 벽체와 검은 구멍의 앙상블을 만들어내지 않는다. 고대 세계에서 주거용 건축물은 마치 그들의 내부공간을 위하여 진정한 화려함을 감추고자 하는 것으로 보인다. 디오게네스 Diogenes는 아테네 Athens 거리의 화려한 현관 porch에 대하여 언급했다. 그것은 지위를 격상시키는 기능을 분명히 하고 있다. 그리고 그 건물들이 지각 세계에 속해 있는 것과 마찬가지로 주체화의 작용들, 개인 주거의 작용세계는 그 내부의 검은 구멍에서 일어나는 것이다. 누군가는 가정의 얼굴성이 발전하는 것을 볼 수 있을 것이다. 그리고 디오게네스가 그것을 개탄하는 것을 볼 수 있을 것이다. 혹은 그렇지 않다면 마치 그의 거주지에 그 거리와 현관들을 끌어와 매우 기뻐하면서 그

플로렌스 Florence, 산타 마리아 노베라 Santa Maria Novella의 파사드 Façade, 1452-70.

것을 사용하는 것을 보았을 것이다.(Diogenes, c. 340 Bc, 41, no. 14) 주체의 생산에 있어서 가정의 역할과 도시의 역할은 디오게네스 Diogenes의 금언 aphorisms에 나타나있다. 스파르타 Sparta로부터 아테네 Athens로의 길은 남성의 방에서 여성의 방으로 가는 집안의 복도와 같다.(Diogenes, c. 340 Bc, 58, no. 113) 집은 남성과 여성을 분리하였다. 그들은 서로 다른 주체화의 과정을 겪었다. 그와 마찬가지로 스파르타와 아테네에는 서로 다르게 형성되는 시민들이 주체화의 과정을 가졌다.

스파르타의 상징적인 경제구조는 전사들의 신체에서 부여된 것이다. 그러므로 누군가는 그것이 얼굴화된 것이라고 할 수 있다. 반면에 아테네의 경제구조는 기념비에서 부여된 것이다. 도시의 하얀 벽과 검은 구멍은 바로 아크로폴리스 Acropolis에 세워져 있다. 절대적이고 기념비적인 파르테논 Parthenon이 되는 흰 벽은 번쩍이는 펜텔릭 대리석 Pentelic marble으로 만들어졌다. 그것은 매우 어두운 내부공간은 가지고 있다. 그러나 진정한 검은 구멍은 에레크테이온 Erechtheion 신전의 내부이다. 그것은 매우 짧은 거리에 지나지 않는다. 그리고 그곳은 가장 성스러운 유물들이 태양을 피하여 모셔져 있는 곳이며 거의 볼 수도 없는 것이다. 그 유물들은 그럼에도 불구하고 성스럽게 여겨지고 도시의 아이덴티티를 구성하는 장치가 된다. 그 안에는 아테나 Athena의 의복, 다이달로스 Daedalus에 의하여 만들어진 접혀지는 권좌가 있었다. 다이달로스는 미노타우로스를 가두기 위한 미로를 고안한 인물이다. 신전 안에는 코린티안 주두 Corinthian capital를 고안한 칼리마쿠스 Callimachus에 의하여 디자인된 야자나무 보풀을 담은 난로와 그 밖의 보물이 있었다. 그리고 얼굴성은 그 뒤로 갈수록 분명해진다. 그것은 동굴이 아니다. 그것은 순수한 검은 구멍이다.

그러나 이집트의 사원들에서는 광고판과 같은 탑문의 정면을 지니고 있고 그 뒤를 가리고 있다. 그것은 하늘로 열린 안마당 너머, 기둥으로 가득 채워진 다주실 hypostyle hall을 넘어서 그 내부에 가장 오래된 고대의 밀실로서 동굴과 같은 성소 sanctum를 지니고 있다. 콰트르메르 드 퀸시

Quatremére de Quincy는 궁극적으로 모든 이집트의 건축물은 그러한 동굴로부터 기원한다고 논증했다.(Lavin, 1992) 그러나 그것은 그 외부의 기념비적인 역할을 수행하기 위하여 만들어진 것이다. 그 내부로부터 하층민들을 몰아내고 그러한 중요한 사회적 역할을 지닌 군주적 얼굴을 확립하는 작업을 하는 장소이다. 이집트의 사원은 귀족들의 주거가 기념비화된 변형물이다. 그곳에서는 아마도 정면의 벽체가 거리와 내부공간을 분리하는 가장 배타적인 차폐 벽체가 되었을 것이다. 그러나 사원에서 그 벽체는 어두운 구멍 옆으로 거대하게 새겨진 신의 그림을 담고 서 있는 반자율적인 가면으로 성장한다.

레이돔

그러나 흰 벽은 그 위에 투사된 이미지들을 다시 반사하는 역할이 더 두드러질 때, 지각세계 *Merkwelt*에서 더 모호한 역할을 한다. 노스 요크셔 North Yorkshire의 멘위드 힐 Menwith Hill의 지오데식 돔 geodesic dome의 흰 벽면을 보자. 그 돔들의 역할은 그 내부의 메커니즘을 보호하는 것이다. 그 메커니즘이란 위성으로부터 메시지를 수집하는 정교한 장치이다. 탄소섬유의 돔은 장치들에게는 전혀 확인되지 않지만 돔들은 장치들을 외부의 관찰자들에게는 보이게 해준다. 그러므로 그 돔들은 에워싸인 무표정한 외부를 가지게 된다. 마치 그것은 모비딕 Moby-Dick의 등이 하얀 것과 마찬가지다. 우리가 그것으로 무엇을 만들어 낼 것인가는 우리가 그것에 무엇을 부여하는가에 달려있다. 만약 우리가 이것이 테러나 해악으로부터 우리는 지켜주고 있는 유용한 설치물이라고 느낀다면 그때에 우리는 그것은 다소간 초현실적인 것으로 그러나 전체적으로 언덕 사면에 기대듯 안정적으로 자리 잡고 있는 이러한 흰 레이돔을 안정적인 현존재를 보게 될 것이다. 만약 다른 한편으로, 우리가 그것을 일반적인 통제와 조절을 벗어난 이질적인 존재로 본다면, 그때에는 우리는 그것을 마치 도시 사회의 활동에 불순한 위협으로 경험할 수 있다. 만약 우리가 더 나아가 그것을 에이해브 선장과 같은 망상이 되어버린다면, 그 때에 우리는 아마도 우리가 들판을 이리저리 가로지르듯이, 돔들을 우리 주변을 부유하고 우리를 추적하고 있는 것으로 여기게 될 것이다. 그리고 마치 카프카 Kafka의 소설「*브룸펠트* Blumfeld」을 추적하는 공처럼 보일 것이다.(Deleuze and Guattari, 1980, 169)

레이돔이 보이지 않을 때에 조차도, 우리는 그것들이 위성을 통하여 그리고 우리 자동차 안의 내비게이션 시스템을 통하여 우리를 감지할 수 있다고 이해하게 된다. 여기에 세 가지 경우가 있다. 그것은 온화한 상황 benign, 위협적 상황 threatening, 편집증적 상황 paranoid이 그것이다. 동일한 건물도 다른 결합들로 연계된다. 그리고 방문자들에게 서로 다른 경험을 생산한다. 건축 기계 architecture-machine는 각각의 경우 다르게 구축된다. 왜냐하면, 이러한 방문자들 개개인은 서로 다른 개념의 총체를 행위들에 부여한다. 그 행위들은 '작용을 생산하는 기계들' 을 만들어 낸다. 다시 말하자면 그것은 경험들이라고 할 수 있다. 또 그것이 건축이 되는 것이다. 멘위드 힐 Menwith Hill의 사례는 매우 흥미롭다. 왜냐하면, 흰 구들은 마치 관습적인 건축 기호처럼 인식을 벗어난다. 일반적으로 우리는 어떻게 건축물을 읽어내는가를 알고 있다. 그것은 우리가 유니폼을 어떻게 읽어내는가를 알고 있는 것과 마찬가지로 확실한 것이다. 그리고 유니폼처럼 한 건물의 파사드는 변장하듯이 입혀질 수 있다. 여기에서 우리는

영국 공군 RAF, Menth Hill, 20세기 후반

건축물을 스크린으로 읽고 있는 것이다. 그리고 그 건물의 스크린들은 우리가 그들 위에 우리의 희망 혹은 우리의 두려움을 투사하는 것을 가능하게 한다. 그 과정은 분명한 확인이나 거부를 제시함이 없이 이루어진다.

사막 Deserts

만약 주체가 남아있다면, 풍경은 정신분열분석적 주체를 이미지화하는 다른 역할을 하면서 재등장한다. 렌츠가 그 스스로 주변 환경과 기계적 관계를 맺고 있음을 발견하였던 것과 마찬가지로 그의 자아와 눈보라, 별들과 산봉우리들 사이에 무분별하게 분리되어 있다는 것을 발견할 수 없었으며 그렇듯이 들뢰즈와 가타리는 그들 자신을 그러한 대상들을 가로질러 방황하고 그들의 길을 가고 있는 개념들에 의하여 거주하게 된 사막인 것처럼 기술하는 것이다. 그러므로 그들은 지속적으로 재구축되고 재생산되는 것이다. '우리는 사막이다.' 라고 들뢰즈는 말했다.

> 그러나 우리는 부족, 식물군집 그리고 동물군집 단위로 거주한다. 우리는 시간을 그러한 부족들을 질서 짓고 다른 방식으로 배열하고 그것들을 제거하고 다른 부족들이 번성하도록 힘을 북돋는데 사용했다. 그리고 이 모든 부족들, 이 모든 군중들은 사막을 침식하지 않는다. 사막은 바로 우리 자신의 금기이다. 반대로 그들은 사막에 거주한다. 그들은 사막을 통하여 통과하고 사막을 건너 연결된다. 가타리 Guattari에게는 언제나 그 자신과 직접적으로 맞서는 어떠한 종류의 거친 로데오 경기가 존재해왔다. 사막, 우리 자신에 대한 실험은 우리의 유일한 아이덴티티이고 우리를 거주시키는 모든 통합을 위한 유일한 기회이다.(Deleuze and Parnet, 1977, 11)

여기에서 개인은 분명히 복수적이며 정치적인 것으로 나타난다. 주체화의 과정은 역동적이며 지속적인 것으로 제시된다. 그것은 결코 완성되거나 혹은 만족스러운 결론을 얻을 수 있는 그 무엇으로 제시되지 않는다. 들뢰즈와 가타리에게 삶은 언제나 생성 becoming의 과정인 것이다. 그것은 성취된 존재자 being를 의도하는 과정이 아니다. 들뢰즈는 가타리를 집단의 사나이, 무리의 사내, 혹은 부족의 사내로 묘사한다. 그리고 여전히 그는 혼자이며 사막은 이러한 모든 집단들에 의하여 그리고 모든 그의 친구들에 의하여 그리고 모든 그 자신의 생성들 becomings에 의하여 거주되는 것이다.(Deleuze and Parnet, 1977, 16) 에드가 앨런 포우 Edgar Allen Poe의 이야기 「*군중의 사내* The man of the crowd」에는 그러한 사내의 아이덴티티가 가진 유동적인 무엇인가가 존재한다. 그 글에서는 인간이 도시를 통하여 무리를 짓고 있는 다양한 군중들과 다양한 부족의 아이덴티티에 참여가고 있다.(Ballantyne, 2005, 204-9)

그는 극한까지 논의를 끌어간다. 그리고 오직 허구적인 인물만이 어떠한 방식으로 원칙을 구체화한다. 우리는 고립되어 형성되지 않는다는 원칙, 그러나 사회적으로 형성된다는 것. 그리고 우리는 우리 자신으로부터 비롯되지 않은 개념과 습관에 의하여 구축된다는 것이다. 그러나 그것은 우리를 통하여 전달되고 우리에게 머물고 있으며 우리가 행위하는 모든 것에 영향을 미친다. 때때로 아마도 의식적으로 그러나 대부분의 경우 우리는 무엇이 일어나고 있는지 어떠한 특별한 인식이 없이 영향을 미치는 것이다. 그러므로 개인은 정치적인 존재라기보다는 오히려 조화롭게 혹은 대립적으로 거주되고 연관된 정치적 운동인 것이다. 그것은 미시정치적 움직임이다. 이미지는 언제나 선들과 강도, 교차하는 평면들 그리고 복수적 색채들, 분위기와 흐름들이다. 그것은 결코 딱딱하고 건조한 대상, 강제로 묶인 형식, 확고한 지형선이 아니다. 얼굴, 이 흰 스크린과 검은 구멍의 앙상블은 다른 얼굴과의 연관을 위한 도구이다. 어떠한 종류의 기호화를 순환 속에 편입시키는 길이다. 그 기호화는 바로 우리의 조그만 연합 parliament, 우리의 마신궁 pandaemonium, 즉 감정들이 원활하게 소통할 수 있도록 하는 것이다.

chapter 5

도시와 환경

작은 질서

만약 내가 지금 당장 내가 느낄 수 있는 것만을 토대로 나의 신체에서 무엇이 일어나고 있는지를 떠올린다면, 나는 진정으로 무엇이 일어나고 있는지에 관하여 알 수 없다. 나는 나의 신체에서 진행되고 있는 사실들에 대하여 다소간 배우면서 살아왔다. 그리고 나는 나 자신이 스스로 내가 숨쉬고 있고 심장의 박동을 확인할 수 있다. 그러나 그러한 나 자신의 신체를 내가 경험함으로써 나는 지금 내 간장에서 일어나는 것이 무엇인지를 이야기할 수 없다. 혹은 나의 혈류 안에서 무엇이 일어나는지도 이야기 할 수 없다. 나는 단지 어딘가 여정을 따라서 나는 심장이 있고 삶의 주체이고 나의 혈액은 순환한다는 것을 배워왔다. 그러나 그것은 내가 조용히 앉아 나에 대하여 사유함으로써 추론해 왔던 것은 아니다. 나의 인식적인 사고는 신체가 주로 그러한 복적을 위하여 존재하고 있다는 느낌 아래에 놓여 있다. 내 삶의 생활자 liver는 아마도 다른 느낌들 아래 놓여 있을 것이다. 그에 관한 한, 나의 신체는 그 생활자가 성장하는 환경이다. 비슷하게 분자적 수준에서, 나의 신체의 다양한 부분들은 내가 섭취한 음식물로부터 얻어진 분자들로 구성되어 있다. 철분, 칼슘, 수소, 탄소, 산소 등은 매우 작은 기계들에 의하여 재배열되어진 것이다. 그 기계들은 그러한 대상들에 대한 나의 앎이 없이도 작동한다. 나는 갈증을 느끼고 배고픔을 느낀다. 그러므로 나는 먹고 마신다. 그리고 그때에 다양한 섬유질과 체막들이 내가 필요한 것을 분리한다. 그리고 그것을 내게 많은 정보들로 어려움을 끼치지 않으면서도 처리한다. 또 나의 신체에 영양분을 공급하고 그 과정들을 유지할만한 나의 인식적 의지를 요구하지 않으면서 이루어진다.

분자적 시각으로 보자면, 나는 나의 환경과 그리고 내 안에서 어떠한 종류의 분자의 강화 intensification이고 분자들의 집적 densification이다. 개별적인 분자가 나를 경험해야 하는 것으로 인지하는 것이 아니다. 리차드 도킨스 Richard Dawkins는 생명체의 종들은 유전자의 생존을 확증하는 메커니즘으로서 가장 잘 이해할 수 있다고 제시했다.(Dawkins, 1976) 그러한 언급은 우리가 직접적으로 왜 우리가 그러한 일을 하는가에 대한 우리의 감각들을 진단함으로써 추론할 수 있는 것이 아니다. 다른 스케일에서 보자면, 만약 내가 인간들의 강화 intensification를 찾고자 한다면, 그때에는 나는 도시를 바라볼 것이다.

> 도시 town는 통로의 상호관계들이다. 도시는 오직 순환의 기능으로서만 존재한다. 도시는 순환을 창조하고 또 순환은 도시를 창조한다. 도시는 순환 내에서 하나의 놀라운 지점이다. 그것은 시작점으로서 그리고 출구로서 정의된다. 무엇인가가 그 안에 들어가야만 하고 또 그곳으로부터 벗어나야만 한다. 그것은 진동을 부과한다. 그것은 물질들, 비유기체, 생명 혹은 인간의 양극화이다. 그것은 자연계의 문(門)의 원인이 되고 흐름 flow을 특정한 장소들을 통과하여 지평선을 따라서 이동하게 하는 것이다. 그것은 탈지속성 transconsistency, 어떠한 네트워크의 현상이다. 왜냐하면 그것은 근본적으로 다른 타운들과의 접촉에 놓여 있기 때문이다. 그것은 탈영토화의 발단을 대변한다. 그것은 어떠한 소재가 관계한다 하더라도 네트워크에 참여하기 위하여, 양극화에 복종하기 위하여, 도시의 순환과 통로의 재코드화를 따르기 위하여 충분하게 탈영토화되어야 하기 때문이다.
>
> 최고의 탈영토화는 미개척지로부터, 지방으로부터 분리된 해안의 그리고 상업적인 도시에서 나타난다. 아테네 Athens, 카르타고 Carthage, 베니스 Venice가 그러하다. 도시의 상업적인 성격은 종종 강조되어 왔다. 그러나 문제되는 상업은 또한 정신적인 것이다. 마치 그것은 수도원 혹은 사원의 복합체의 네트워크에서와 같다. 도시들은 모든 종류의 순환 지점들이다. 그 순환지점들은 지평선을 따라서 다성적 음악을 구성한다. 그들은 완벽하지만 지역적인, 도시와 도시에 의한, 통합에 영향을 미친다. 각각의 도시는 하나의 구심적 힘을 구축한다. 그러나 그것은 양극성의 힘이다. 혹은 그것은 환경의 힘이다. 그것은 강제된 일치의 힘이다. 그 형태와 상관없이, 전제군주이든지 민주주의이든지, 소수독재이든지, 귀족주의이든지간에, 그것이 바로 왜 이러한 종류의 힘이 인류평등주의적 주장을 지니는

기계와 같은 진드기의 신체 덩어리가 아니다. 그리고 도처에 기계장치들 mechanics이 존재한다.' 생리학자는 침착하게 말을 이어나갔다. '모든 진드기의 행위들은 단지 반응들이다. 그리고 그 반응들의 궤적은 모든 동물 기계들의 토대를 형성하는 것이다. 그것은 수용체로부터 시작되었고 그 기관은 오직 외부로부터의 어떠한 반응에 있어서만 작동한다. 유지방 산의 온도 혹은 냄새와 같은 것에 반응하는 것이다. 그리고 다른 모든 것들은 무시한다. 그것은 움직이는데 비록 그것이 걷거나 매달리는 기관이라고 할지라도. 실행체를 이루는 근육에 의하여 종결된다. 감각 분자들은 감각의 자극을 방출하고 그리고 원동력이 되는 분자들은 움직임의 충동을 풀어놓는 것이다. 두 가지 분자들은 오직 물질적인 자극의 파동을 안내하는 연결로서만 작동한다. 그것은 수용체의 외적인 충격에 의하여 신경망에서 기원하여 실행체의 근육으로 유도되는 것이다. 반응 궤적의 조합은, 마치 모든 기계 machine가 그러한 것처럼, 단지 하나의 움직임의 전달만을 수행한다. 여기에는, 마치 하나 혹은 여러 기계장치들 mechanics이 관계하는 것처럼 주체적인 요소의 아주 미세한 흔적은 존재하지 않는다.'

'그것은 엄밀하게는 다른 방식으로 일어난다.' 생물학자는 대답했다. '모든 곳에서 우리는 다름 아닌 기계장치들 mechanics을 지니고 있다. 그것은 기계 machines의 부분이 아니다. 각각의 개별적인 분자는 반응의 순환에서 움직임의 전달에서 작동하는 것이 아니라 자극의 전달에서 작동한다. 그러므로 어떠한 자극은 주체에 의하여 지각되어져야 하며 객체로서는 존재할 수 없다. 기계의 모든 부분은, 예를 들어 초인종의 종은 그것이 이리저리 잘 조율되었을 때 오직 그 기계적인 작동만을 하도록 만들어져 있다. 만약 당신이 그것에 다른 것을 조작하였다면, 차게 하거나, 열이나 산성물을 혹은 염기물을, 전류를 가하였다면, 그것은 마치 다른 기계 조각들처럼 작동할 것이다. 그러나 우리는 피아니스트 뮬러 Jean Müller로부터 어떠한 근육은 전여 다르게도 작동할 수 있다는 것을 알게 된다. 외부로부터 어떠한 개입에도 불구하고, 그것은 명령에 의하여 동일하게 응답한다. 그것은 모든 외부의 개입을 동일한 자극으로 변화시킨다. 그리고 그 분자적 신체의 수축을 유도하는 동일한 충격으로 반응하는 것이다. 더욱이 뮬러는 시각 신경에 자극을 주는 모든 외적인 효과는 그것이 공기의 흐름, 압력, 혹은 전류라 하더라도, 빛의 감각을 유발하는 것을 보여주었다. 그러므로 우리의 시각적 분자들은 동일한 지각의 특성에 응답하는 것이다.'

그러므로 우리는 다음과 같은 결론에 도달한다. 모든 살아있는 분자는 지각하고 작동하는 어떠한 기계장치 mechanic이다. 그것은 결론적으로 그 자체의 지각적인 특성 그리고 충동 혹은 능동적 특성들 active characters을 지니고 있다는 것이다. 동물의 지각과 행위의 복합체로서의 결합은 그러므로 매우 작은 분자적 기계장치 mechanic를 유도한다. 그러한 각각의 기계장치들 mechanics은 단지 하나의 지각 기호와 하나의 행위 기호를 사용하는 것이다.' (Uexküll, 1934, 19-21)

만약 우리 세포들 각각이 주체라면 그때는 이미 우리는 사실 완전한 군중이 되는 것이다. 이것은 버틀러 Samuel Butler의 삶에 부여된 기계들과 마찬가지의 동일한 영토들에 비견되는 것이다.(Chapter 2 참조) 어떤 서술에서, 생명체는 메커니즘으로 보인다. 그리고 다른 서술에서, 기계들은 마치 그것이 살아 있는 것으로 보인다. 만약 그것이 다른 하나에 대립적으로 적용된다면, 두 서술 모두 상식적으로 맞지 않아 보인다. 하나의 서술은 살아있는 유기체 organism의 습성과 행위를 복잡한 기계와 같은 상호작용들의 다양성으로부터 유도된 유출된 속성들로 여기는 것이다. 반면에 다른 서술에는 무기물에서조차도 널리 알려진 생기론 vitalism을 보여준다. 상식적인 세계에서 우리는 이러한 생명체에 관한 서술들 중 하나를 사용한다. 그리고 다른 하나는 좀처럼 언급되지 않는 메커니즘들에 관한 것으로 사용한다. 그러나 그들 하나를 다른 것과 분리시키는 사태에 있어서 분명히 정의된 시작점은 존재하지 않는다. 단지 문화적인 습관이 우리에게 어떠한 경계를 제시하고 사태들을 완전히 분리된 범주로 구분하게 한다. 그래도 우리는 편하지 않음을 느낀다. 버틀러 Butler의 엄격한 논리가 그 혼란스러움을 지적할 때, 마치 어떠한 속임수가 진행되고 있는 것처럼 느낀다.

들뢰즈와 가타리의 작업은 어떠한 상식의 기준도 받아들이지 않고 이러한 서술의 두 가지 모두를 사용한다. 만약 「*앙띠 오이디푸스* Anti-Oedipus」의 도입부에서 욕망하는 기계가 그 하나를 분명히 재현한다면, 살아있는 실재의 개념에 관한 그들의 전개는 다른 한편의 서술을 환기하는 것이다. '구르앙 Leroi-Gourhan은 더 멀리 기술적인 생기론까지 논의를 밀고나가 대체로 생물학적인 진화론을 기술적 진화론의 모델로서 받아들였다. 그것은 보편적인 경향이었다.' (Deleuze and Guattari, 1980, 407 Leroi-Gourhan을 참조, 1945) 가타리는 세 가지의 생태학적인 기록들을 확인했다. 환경 environment, 사회적 관계 social relations, 그리고 인간 주체성 human subjectivity이 그것이었다.(Guattari, 1989, 28) 그리고 그들 각각에서 비교할만한 과정들을 실험하였다. 각각은 다른 스케일로, 다양한 환경을 창조하는 것을 실험하였다. 그러한 환경에서 다양한 생명체, 기계들, 혹은 개념들이 형태를 얻게 되었다. 베이트슨 Gregory Bateson은 말하기를 '나쁜 개념들의 생태학이 존재한다. 마치 그것은 잡초의 생태가 존재하는 것과 같다.' 그리고 가타리는 이러한 훌륭한 사고를 「*세 가지 생태* The Three Ecologies」의 주요 테마로 삼았다.(Guattari, 1989, 27)[26]

개념은 다른 개념들과 행위들로 이루어진 주변 환경을 요구한다. 그리고 주어진 환경은 어떠한 개념들이 번성하는 것을 돕게 된다. 반면에 다른 생각들은 그러한 기회를 얻지 못한다. 개념적으로, 가타리가 위험스러운 차이를 발견한 특별한 환경은 바로 '통합된 세계 자본주의 Integrated World Capitalism' 의 환경이다. 그것은 우리가 오늘날 일반적으로 '세계화 globalization' 라고 부르는 것이다. 그것은 우리들 모두를 동일한 사태로 몰아가고자 하는 경향을 지닌다. 그것은 우리가 세계 어디에서 살더라도 마찬가지다. 그리고 어떠한 문화적 차이가 과거에 존재해 왔는가에 상관없다. 대중 매체에 의한 이러한 주체의 균질화는 생물학적 다양성에 대한 위협과 동일한 유형의 위험으로 여길 수 있다. 우리는 모두 동일한 영화 속 인기 스타의 장면에 경악하도록 길들여져 왔다. 우리는 동일한 탄산음료를 주문하고 동일한 향수를 뿌린다. 어떠한 수준에서 그것은 즐거울 수 있고 또 무해한 것이기는 하다. 그리고 어떠한 해악을 저지를 수 있는 것처럼 보기에는 이미 너무나 많은 진통제를 먹어 왔다. 다른 한편으로 개념의 모든 종류와 모든 행태의 문화들은 이 행성으로부터 제거되었다. 그리고 결코 다시 볼 수 없게 되었다. 관심의 결핍 때문에 그러한 결과가 나타났다. 왜냐하면 우리는 축구 경기의 스코어와 유명인사의 가십꺼리만 생각해 왔기 때문이다.

유기체가 그 주변 환경의 생존과 무관하게 생존의 가능성을 지킨다고 생각하는 것은 이해할 수 없는 것이다. 주변 환경은 유기체의 발전을 위한 하나의 전제조건이다.

윅스퀼 Uexküll이 특별하고 분명하게 보여준 바와 같이 동물과 그 환경은 매우 밀접하게 연결되어 있다. 그리고 베이트슨 Bateson은 그것은 너무나 결속되어 있어서 그들은 마치 생존의 단위처럼 여겨져야만 한다고 했다. 유기체가 그 주변 환경의 생존과 무관하게 생존의 가능성을 지킨다고 생각하는 것은 이해할 수 없는 것이다. 주변 환경은 유기체의 발전을 위한 하나의 전제조건이다. 그리고 만약 들뢰즈와 가타리가 우리에게 항상 가운데에서 시작하라고 이야기 한다면, 그들의 어휘, '가운데 middle' 는 '주위 milieu' 인 것이다. 그것은 '환경 environment' 을 의미한다. 만약 베이트슨 Bateson이 제시한 것처럼, '유기체와 환경 organism-plus-milieu' 을 하나의 단위로서 구조화한다면, 그때는 분명한 형식 혹은 한계를 가지는 것으로서 그것을 명확하게 정의하는 것은 불가능하다. 만약 진드기는 그 형태에서 보이는 것과 같이 매우 아담하고 작은 진드기 신체 패키지 tick-body-package라고 이야기 할 수 있을 때, 아마도 그것을 유리 주전자 안에 그것을 담아 둘 수 있다면, 진드기가 보호받고 있다고 느낄지 모른다. 반면에 진드기의 환경은 변화하였기 때문에 진드기는 더 이상 그곳에서 생존할 수 없다. 아마도 그 자리를 지나쳤던 포유류는 진드기를 용케 피할 수 있었거나 아니면 진드기에게 물렸을 것이다. 그리고 그 어떤 진드기도 해를 입히지 않는다는 사실에도 불구하고 진드기의 개체들은 아마도 제거될 것이다.

그래도, 진드기를 격리하고 나서 묘사하는 것이 그리고 그것이 어떻게 생겼는가를 그리는 것이 상대적으로 쉽다. 만약 우리가 진드기를 전통적인 유클리드식 Euclidian 혹은 데카르트식 Cartesian의 언어로 정의하려고 한다면, 오히려 비정형적인 formless 유기체와 환경 organism-plus-milieu의 생존 단위를 구체화하고 묘사하는 것은 더더욱 어렵다. 정사각형, 원형 혹은 그래프위에 선으로서 그것을 상상해 보라. 어떻게 하나의 부분이 다른 부분들과 상호작용하는가를 설명함으로써 그리고 그러한 관계의 네트워크를 사용함으로써 그것은 상대적으로 정의되었을 것이다. 그것은 정치학이다. 그곳에서 무엇이 일어나고 있는지를 이야기하는 것이다. 과

학이 그 중간 크기의 무감각한 대상을 다루는데 가장 편리하다는 것은 잘 알려진 일이다. 우리는 우리가 보고 만질 수 있는 사물에 관하여 이야기하는 가장 발전된 방식을 가지고 있다. 그리고 그러한 방식은 하나의 광경으로부터 그 다음 광경에까지 변함없는 것을 지탱한다. 우리는 직접적으로 지각할 수 없는 사물의 한계에 까지 대상들을 해석하고 하잘 것 없는 것을 이해하고 엄청난 사실들을 이해해야 한다. 예를 들어, 유체와 흐름의 연구는 초기에 직선과 입방체의 연구와 비교되었다. 그러한 직선과 입방체적 연구는 수학이 발견한 너무나 쉬운 정의이다. 그러나 유체와 흐름에 관한 연구는 우리가 자연을 경험하는 것과 비교할 때, 너무나 예외적인 것이었다. 바타이유 Bataille가 말하기를, '무정형성 formless은 실제 세상으로 사물을 끌어들이는데 기여하는 어휘이다.' 라고 했다. 그것이 나타내는 것은 '모든 면에서 올바른 것은 없다' 는 것이다. 그리고 그 자체로 모든 곳에서 거미 혹은 지렁이와 마찬가지로 뭉개져버릴 수도 있다는 것이다. 사실, 학교생활이 즐거워지려면, 세상은 좀 더 분명해져야만 한다. 모든 철학에는 특별히 다른 목적은 없다. 그것은 단지 수학적인 작업복을 입었던 것에 어떠한 다른 작업복을 입히는 문제이다. 다른 한편으로 세상은 아무것도 닮지 않았다는 것을 확인하는 것이고 오직 우주가 거미 혹은 매미와 같은 무엇이라고 이야기 하는데 필요한 무정형적인 총합일 뿐이라는 것이다.(Bataille, in Ballantyne, 2005, 5) 형식을 갖는 사물은 지위 status를 갖는다. 그리고 무정형성 formless이 가질 수 없는 격 respectability을 얻는다. 무형식을 안고 있다면, 사물을 다룬다고 확신할 수 조차 없게 되는 것이다.

. . . 형식은 명령하는 인간이 그 자신 스스로 생각했던 것에 응하는 것이다. 그리고 그가 그의 질서를 부여할 때에는 확정적인 방식으로 표현해야만 한다.

주변환경 Milieux, environments은 정형적이지 않다. 들뢰즈와 가타리의 사물을 다루는 방식은 환경을 그 환경 내에서 지점들 points, 특이성들 singularities, 영향들 forces, 교차하는 지평들 혹은 선들로 이루어진 유동적인 배열들로 변화시킨다. 형식 form은 휴지기를 갖는다. 그것들은 형식의 사회적이고 정치적인 차원에 관심을 집중시킨다. 질베르 시몽동 Gilbert Simondon이 시인하면서 언급한 대로, '형식은 명령하는 인간이 그 자신 스스로 생각했던 것에 응하는 것이다. 그리고 그가 그의 질서를 부여할 때에는 확정적인 방식으로 표현해야만 한다. 그러므로 형식은 표현의 질서에 속하는 것이다.' (Simondon in Deleuze and Guattari, 1980, 555, n. 33) 도시 환경과 주체 subjects(들뢰즈와 가타리가 종종 개개인 individuals 혹은 분리된 대상 dividuals으로 부르는 것은 그들의 분할가능성 divisibility에 의한 것이다.)는 관계의 상호 작용으로 표현되는 것이다. 그것은 네트워크 networks와 흐름 flows의 생산이다.

단절 Disconnecting

국가 The state는 완전히 다른 무엇으로 표현된다. 그것은 어떠한 더 광범위한 네트워크로부터 단절되고자 하는 경향을 지닌 것이다.

> 국가 The State는 사실상 다르게 진행한다. 그것은 내적 일치의 현상이다. 국가는 지점들을 서로 하나로 공명하게 만든다. 그 지점들은 이미 도시의 극점일 필요가 없다. 그러나 그것은 매우 다양한 질서의 지점, 지리학적 지점, 윤리학적, 언어학적, 윤리적, 경제학, 기술공학적 특이성들의 지점들이다. 그것은 도시를 지방들과 공명하도록 만든다. 그것은 층위화 stratification에 의하여 작동한다. 다시 말하면, 그것은 수직적 위계적 집합을 형성한다. 그 집합은 깊이의 차원에서 수평선들을 끌어당기는 것이다. 주어진 요소를 보류하는 동안, 그것은 필연적으로 다른 요소들과의 관계를 단절한다. 그것은 외적이 된다. 그것은 억제하는 것이고 느리게 하는 것이고, 그러한 관계를 통제하는 것이다. 만약 국가 The State가 그 자체의 순환을 가진다면, 그것은 내적인 순환이며 주로 공명에 의존하는 것이다. 그것은 네트워크의 나머지 remainder로부터 그 자신을 고립시키는 재현의 영역이다. 만약 그렇게 하고자 한다면, 그 나머지 remainder와의 관계에 더 엄격한 통제를 수

행해야만 할 것이다.
문제는 남겨지는 것이 자연적인 것인지 혹은 인위적인 경계들인지를 발견해 내는 것이 아니다. 왜냐하면, 모든 이벤트 event에는 탈영토화가 존재한다. 그러나 이러한 경우 탈영토화는 만족을 주고 공명을 생산하는 질료로서 하나의 대상 object으로 여겨지고 있는 영토 자체의 결과이다. 그러므로 국가의 가장 중심적인 힘은 위계적인 것이다. 그리고 그것은 도시의 행정적 영역을 구축한다. 그 중심은 주변 환경에는 존재하지 않는다. 그러나 맨 위에 존재한다. 왜냐하면 중심이 고립된 것을 재결합하는 유일한 방식은 종속 subordination에 의한 것이기 때문이다. 물론 도시의 다양성 못지않게 국가의 다양성이 존재한다. 그러나 그것은 동일한 다양성의 유형은 아니다. 깊이의 차원에서 수직적인 단면들이 존재하는 것과 마찬가지로 아주 많은 국가들이 존재한다. 도시는 도시의 수평적인 네트워크로부터 분리할 수 없음에도 불구하고 각각의 국가는 서로 간에 분리되어 있다. 각 국가는 지구적인 global 통합이다. 그것은 지역적이 아니다. 그것은 진동 frequency이 아니라 공명의 잉여 redundancy이다. 그것은 영토의 층위와 이루어지는 작용이다. 환경의 양극화에 의한 작용이 아니다.(Deleuze and Guattari, 1980, 433)

그러므로 그것은 원칙적으로 종이 위에 국가의 지도를 그리는 직접적인 일이다. 왜냐하면, 논쟁적인 영토를 제외한다 해도. 국가를 주변 국가와 분리시키는 경계가 존재하기 때문이다. 경계는 시간이 지나면서 다시 그려질 수 있나. 그러나 원칙적으로 중심적으로 결정된 법은 국가의 한계로서 작용할 것이며 그것을 넘어설 수 없다. 여기에서 결정적인 요지는 바로 결정을 받아들인 장소로서 중심 centre은 주변환경 milieu에 속하지 않는다는 것이다. 그러나 그것보다도, 그것을 넘어서 다른 상태가 조성된다. 그러므로 이러한 국가의 설정과 그 조직화는 형태의 질료형상론적 hylomorphic 개념과 서로 관계가 있다. 그것은 아리스토텔레스 Aristotle의 개념으로부터 유추되었다. 그리고 여기에서 중요한 것은 유출된 emergent 형태 혹은 내재성 immanence의 개념과 대조적이라는 것이다. 국가의 실체는 실체보다 더 높은 층위 stratum로부터 작용한 힘에 의하여 형성되는 것이다.
도시의 네트워크는 그들의 환경들 milieux안에 내재한다. 국가는 형태를 갖는다. 그러나 도시는 정형적 형태가 없다. 물론 도시는 상위의 층위로부터 그들에게 부여된 질서를 가지고 있다. 그러나 그것은 도시들을 작동하게 만드는 것은 아니다. 그리고 도시 디자인을 이해하는 어떠한 길도 없다. 도시는 개별적인 건축물을 위한 환경을 창조한다. 그리고 성공적인 건축물을 디자인하고자 한다면, 건축물 building과 주변 환경 milieu의 상호의존성을 이해해야만 한다. 여기에서 성공적인 건축물이란 삶을 유지시키는 건물이며 번영하는 유기체가 되도록 하는 건물이다. 사람들 혹은 건물이 그리고 도시가 살아있고 작동하고 번영하도록 만드는 요소들은 형태를 지니지 않으며 이해되어야 할 필요가 있다. 그러나 그 요소들은 주변을 둘러싼 거친 영역으로 부터 네트워크의 부분들을 분리시키고자 하는 의도를 가지고 국가와 같이 작동하는 다양한 장치들에 의하여 서로를 가로지르는 환경들 milieux속에서 작동한다. 예를 들어, 대지의 소유권은 국경선을 결정하는 것과 같은 방식으로 결정된다. 그리고 어떤 면에서는 내 국가가 정하는 법적인 책임감이 나의 대지의 경계에서 소멸되는 것이다. 분명히 내가 법적인 한계를 넘어서지 않는 시민으로서 행동하고자 한다면, 그것은 나의 건축물이 어디에서 멈춰야 하는가를 결정하게 되는 것이다. 전통적으로 건축은 형태가 우선시 되어왔다. 예를 들어 르 꼬르뷔제 Le Corbusier의 건축 규정에서 찾아 볼 수 있다. '건축 Architecture은 빛 속에서 결합된 매스들을 다루는 장인의 정확하고 장엄한 작업이다.' (Le Corbusier, 1923, 29) 이 정의는 더 높은 층위로부터 유추된 것이다. '장엄한 magnificent' 은 분명히 환경 milieu 위에 있는 것이다. 그리고 '장인의 masterly', '정확한 correct' 행위들은 위에서 결정된 어떠한 패턴들을 따르는 것이다. 그리고 우리는 형태를 보는 법을 배웠다.(여기에 매스들 masses이 그것이다) 우리는 형태(혹은 형식)를 명령하는 인간이 그 자신 스스로 생각했던 것에 응하는 것으로 알고 있다. 그리고 그것을 분명히 표현해야만 한다. 그러므로 꼬르뷔제의 건축의 정의는 완전히 국가의 중심지역에 속하는 것이다. 우리는 그를 기능주의자 fonctionnariat의 편으로 구분할 수 있다. 그는 엄격히 제한되었으나 잘 규정된 오브제의 집합으로서의 건축물을 디자인하였다. 그의 건축물은 건축물의 환경과 스스로 분리되도록 의도되었다.

방해받지 않는 삶을 약속하는 그들의 다른 세계적 작품들에서 우리를 황홀하게 하는 순수한 형태의 찬미, 아름다운 형상의 찬미는 번쩍이는 건축 잡지의 산물이다. 건축물에서 작용하게 되는 삶에서 내재된 질서는 이러한 이미지 안에서 발견되지 않는다. 그것은 기하학적 정의 혹은 잘 정의된 이미지적 가치를 갖는 환경 내에서 살고 싶은 열망에 얼마나 근접할 수 있는가를 보여주는데 우선한다. 만약 스스로 의식하지 못한 일상의 가사 활동이 집을 형성하는데 유일한 결정요소라면, 내재적 질서는 가정의 범위에서 드러날 것이다. 그러나 우리가 의식적으로 요소들을 선택할 수 있다면, 우리는 일반적으로 대상의 형체를 결정함으로써 어떠한 유형 혹은 그와는 다른 유형의 주거 상태를 요구할 수 있게 된다. 예를 들어, 원하는 어떠한 집과 같이 보이도록 집을 짓게 될 것이다. 우리들 대부분, 대부분의 경우, 집이 무엇처럼 보여야 하는가에 대한 관념을 가지고 있다. 형태에 대한 우리의 감각은 환경의 속성으로부터 유도될 뿐만 아니라 우리를 둘러싼 그리고 우리가 전개하는 기호의 조직체계에서도 유도된다. 어느 곳에서 인간적 건축물이 고려되더라도, 생성된 형태는 도시적 스케일에서 더 명확하게 된다. 그곳에서 개별적인 건물은 자기 인식적이 될 것이다. 그러나 그곳에서 종종 더 폭넓은 사태가 저절로 처리되기를 바란 채로 남겨질 것이다. 엥겔스 Friedrich Engels는 이러한 19세기 맨체스터 Manchester에서의 사건을 기록하였다. 그 당시에 그곳에는 놀라울 만큼 급속도로 발전하고 있었다. 단지 수십 년이 경과하자, 그것은 시골마을에서 메트로폴리스 metropolis로 변모하였다. 여기에서 놀라운 사실은 분명하게 모두가 발전에 자유로이 참여하였음에도 불구하고 분명한 계급적 차이가 생겼다는 것이다.

> 도시 자체는 특이하게 건설되었다. 그래서 사람들은 수년 동안 그 안에서 살 수 있었다. 그리고 그 내부를 통과할 수도 있었다. 또 도시로부터 매일 노동자 계급

> 이 사는 지역 혹은 노동자들과 접촉하지 않고 벗어날 수 있었다. 다시 말하면, 그렇게 오래 동안 사람들은 그 자신을 그의 직업적 사무에 가둬 놓거나 혹은 재미로 도시를 유람할 수도 있었다. 주로 의식적이고 명백한 의도에 의하여, 마찬가지로 무의식적으로 무언의 동의에 의하여, 노동자 계급의 구역은 중류 계급이 살고 있는 도시의 부분들로부터 가장 뚜렷하게 분리되었다. 그러한 상황에서 도시의 모습이 생겨났다. [. . .] 맨체스터 Manchester의 부유한 귀족계급은 오늘날 그들의 집으로부터 도시 중심의 그들의 작업장까지 가장 빠른 통로를 이용하여 이동 할 수 있다. 그 통로는 도로변 양측으로 가까이 붙어 세워진 집에서 그들이 얼마나 누추하고 비참하게 사는가를 알지도 못한 채, 노동자 계급의 구역을 곧 바로 통과한다. 이것은 바로 증권거래소로부터 도시의 모든 방향으로 뻗어 있는 중심거리가 거의 아무런 방해도 받지 않고 양측으로 늘어선 상점들에 의하여 점령되었기 때문이다. 그 상점들은 중류층 혹은 중류층 가운데 낮은 신분의 사람들에 의하여 운영되는 것이었다. 그들 자신의 이익을 위하여, 이러한 상점 주인들은 그들의 상점을 청결하고 훌륭하게 유지해야만 했다. 그리고 사실 그들은 그렇게 관리 했다. [. . .] 이러한 상점들은 상업구역에 위치하거나 혹은 중류 계급의 거주 지역의 근접해서 위치해 있었다. 그 상점들은 노동자들의 더러운 오두막을 가리기 위하여 세워진 외관이라고 하기에는 너무 우아했다. 그러나 이러한 이후에 적절하게 세워진 상점들조차 거대한 욕망과 나약한 비위를 가지고 있었던 부유한 신사와 숙녀들의 눈으로부터 비참함과 불결함을 가리기 위한 목적에 부합하고자 했다. 그 비참함과 불결함은 부유함과 화려함의 보이지 않는 보충물로서 완벽한 반쪽을 형성하고 있었다. 나는 거짓에 찬 건축물의 방식들이 다소간 모든 도시에서 공통적이라는 것을 완벽히 잘 알게 되었다. [. . .] 나는 결코 다른 곳에서는 그와 같은 중류 계급의 눈과 신경과민을 상하게 할지도 모를 모든 사물에 대하여 그토록 예민한 감수성의 은폐를 발견하지 못했다. 그리고 어떠한 다른 도시들보다도, 거의 계획에 의하지 않고 그리고 어떠한 행정적인 규정의 제한 내에서 건축되지 않은 곳이 틀림없이 맨체스터였다. 사실상 거의 우연에 의하여 이루어진 것이다.(Engels, 1845, 84-6)[27]

엥겔스 Engels는 어떻게 도시의 패턴이 더 높은 수준의 환경으로부터 형태를 부과함으로써가 아니라 환경 milieu내에서 받아들여진 결정에 의하여 발생하게 되었는가를 설명하고 있다. 특별히 그것은 작은 상점의 주인들에 의하여만 독자적으로 결정하여 생성된 것이 아님을 설명한다. 그는 건축의 건설 방식에 대하여 오해 요소를 밝혀내고 그렇게 함으로써 장소 그 자체는 높은 수준의 층위에서 구축된다는 것을 보여준다. 왜냐하면 그것은 보여지는 것으로서의 방식이 아니라 그 환경의 내적인 관계로부터 생성되기 때문이다. 만약 모든 사람들이 무엇이 이루어지고 있는가를 인식할 수 있다면 그리고 엥겔스가 우리로 하여금 그것이 사실과 다름을 믿게 해 준다면, 우리가 그것을 요구하기만 한다면, 그러한 진실이 우리에게 이야기하는 것은 어떠한 유형의 건축물이 장소의 개별적인 유형에 소속되는가에 관한 적절한 판단을 제시할 것이다. 그것은 관례적 예법의 문제로 보일 것이다. 그것은 책략이거나 위선이 아니다. 우리가 살고 있는 환경은 상호작용하는 다른 사람들에 의하여 거주되는 곳일 뿐만 아니라 동물들, 식물들, 눈송이들, 산봉우리에 의하여 거주되는 곳이다. 그리고 개념에 의하여 거주되는 것이다. 경우에 따라서 그것은 그 건축물을 어떻게 다룰 것인가에 대한 개념도 포함한다. 그 모든 것은 바로 우리 생태계의 부분들이다.

그러므로 여기에서 엥겔스가 본 맨체스터에서 보자면, 그는 전혀 그 환경의 부분이 아니었다. 건축적인 축조방식에 관한 개념은 그 건축물에 영향을 미치는 많은 수단들을 가진 사람들 사이에 폭넓게 공유되는 것이다. 그들이 총체의 개관을 확인할 필요는 없다. 그러나 어느 곳에 상점을 개장할 것인가를 이해해야만 할 것이며 훌륭한 삶을 누리기 위하여 그 장소를 어떻게 만들어 가고 운영할 것인가를 알아야할 것이다. 그것은 결코 급진적인 사고와는 무관하다. 오히려 환경 내에서 그것은 변화하지 않고 남겨진 흔히 알려진 상식들이다. 외부와 상층부에서부터 보자면 그것은 허위적인 것이다. 그리고 마치 어떠한 종류의 세뇌화가 존재해 온 것과 같다. 그 내부로부터 마치 사태들이 물 흐르듯 진행되고 있는 것으로 보인다.

외부와 상층부에서부터 보자면 그것은 허위적인 것이다. 그리고 마치 어떠한 종류의 세뇌화가 존재해 온 것과 같다. 그 내부로부터 마치 사태들이 물 흐르듯 진행되고 있는 것으로 보인다.

도시, 적어도 이러한 평가를 얻고 있는 도시들은 자기 조직화의 시스템 self-organizing system을 가지고 있다. 그 시스템의 질서는 내재적이다. 동일한 방식으로 들뢰즈와 가타리의 「*앙띠 오이디푸스* Anti-Oedipus」의 도입부에 정신분열증적 분석에 의한 주체의 근거, 개별적 인격의 동기는 자기 조직화의 시스템이다. 그것은 어떠한 하나의 특징으로 통합된 의지를 가지는 것이고 하나의 인격적인 이름을 갖는 것이다. 그러나 또 다른 특징으로 전혀 전체를 파악하는 시야를 갖지 못하는 욕망하는 기계 desiring-machines의 넘치는 무리이다. 한 인격이 완고한 사회적 역할을 선택하도록 강요받는 것과 마찬가지로 그러한 사람들의 무리는 신성한 가족 holy family에 의하여 제공되는 것이다. 그것은 핵을 이루는 가족 단위이다. 그 핵가족 단위는 그 자체의 작용에 의하여 자본주의와 오이디푸스화를 유지하고 발전시키는데 유용한 것을 대표한다. 그러므로 도시는 그것이 삶을 유지하는데 아무런 도움도 주지 못함에도 불구하고 정당성과 훌륭함의 현상으로 여겨질 수 있는 것이다.

형태를 부여하는 것은 도시에 존경할 만한 것과 높은 지위를 부여한다. 그러나 만약 그것이 도시의 삶을 생산하는 네트워크와 하나로 조화롭게 결속되지 못한다면, 그것은 황량한 대로와 바람만 휭하게 부는 프라자들만 만들뿐이다. 그러한 황량한 장소들은 사진 속에서는 그럴듯해 보일지도 모른다. 그러나 그것은 그 장소가 번성하는 것에는 조금도 도움이 되지 않는다. 오히려 도시 스스로도 인식하지 못하는 도시에서, 마치 엥겔스의 맨체스터와 같이 그 도시를 위하여 문화적인 자격 status를 요구하지 않고 다만 해야만 하는 것을 지속하는 도시에서, 무엇을 찾고자 하는 것이 훨씬 나을 것이다. 물론 맨체스터에도 중대한 문제들이 존재한다. 많은 사람들이 헤어 나올 수 없는 지독한 환경에서 살아간다. 그러나 도시 전체의 활력이 존재한다는 것은 의심할 수 없는 사실이다. 놀라운 것은 그러한 조직체의 두드러진 명확성이다. 그러한 명확성은 어떠한 집중화된 계획적 통제의 부족을 드러낸다. 맨체스터와 같은 또 다른 도시를 생산하기 위하여, 누군가는 하나의 형태를 자세히 지정하지는 않을 것이다. 그러나 그 장소에 조건들을 부여할 것이다. 세계를 박동시키는 상업적인 작용들은 거대한 노동인구를 요구해 왔다. 그것도 제한된 기술만을 가진 아주 많은 노동인구를 요구한다. 그러므로 그들은 아주 조금 임금을 지불받고 일하는 것이다. 그 나머지는 다소간 어떠한 결과에 따른다. 그러한 움직임에 사태를 고정시킨 사람들은 매우 풍요해진다. 비록 그들이 아주 적은 수의 계층이라 하더라도, 그들은 그들의 욕망이 성취되는 것을 확인하기 위하여 지불할 금전을 가지고 있는 것이다.
낮은 임금을 받는 사람들은 사태의 다양한 범위에 접근한다. 그러한 접근은 값싸고 더 폭넓게 유용한 접근이다. 사회의 모든 수준의 요구들은 서비스의 제공자에 의하여 충족되는 것이다. 그 제공자들은 가장 중심이 되는 상업적 운영에 의존하고 있다. 그러나 그것은 한 단계 혹은 그보다 여러 단계를 거친 거리를 유지한다. 그들은 바로 이러한 환경에서의 중간 계층이다. 사법제도 magistrature 내에서 공식적인 당파를 지닐지도 모른다. 그것은 장소의 예법을 결정하는데, 상점을 오픈할 장소를 선택하는데, 그들의 가장 훌륭한 파사드를 만들어 내는데 가장 중요한 것으로 여겨진다. 이러한 더 낮은 중간 계층이 적정성 propriety에 관한 공유된 감각을 가지고 있는 한, 그리고 다른 계층들이 그러한 감각을 몰아붙이지만 않는다면, 널리 인정되는 질서의 감각은 집중화된 통제의 메커니즘과 관계없이 널리 효과를 거두는 것이다. 그것이 바로 영국의 중산층 Middle England이다. 특별히 작은 상점의 주인들은 맨체스터에서 도시에 결정적인 영향을 미치는 것이다. 영웅적인 건축가들은 도시에서 일시적이고 기괴한 건축물을 디자인한다. 그러나 그러한 건축적 조직은 분명히 자기를 의식하지 않는 채, 새로이 형성된 디자인이다. 그러므로 한 개인이 그 장소의 소유권을 주장할 수 없을 것이다. 그것은 수천가지의 지역적인 결정으로부터 나온 결과물이다. 그것은 우리가 개미의 서식지에서 그들 신체로 만들어내는 거미탑과 같이 많은 개체의 총합이다. 그리고 미로를 거슬러 최단거리를 발견하는 문제를 해결하는 점액성 생명체의 커뮤니티에서 확인하는 다수의 총합이다.(Johnson, 2001)

이러한 효과들을 생산하는 관계를 명확히 상술하는 것은 정치적이거나 혹은 위상적인 것으로 설명될 수 있을 것이다. 위상학이란 '고무 면의 기하학' 으로 여겨진다. 그것은 만약 어떠한 하나가 다른 하나로 펴지거나 접혀지거나 상관없이, 그 사물을 동등하게 바라보는 것이다. 그러므로 모든 닫혀있는 경계를 가진 형체들은 동등한 것이다. 그것이 원이든지 정사각형이든지 혹은 부정형이든지 상관이 없다. 비슷하게 구와 입방체는 서로가 서로의 닮은꼴이다. 그러나 이들은 도넛 모양의 토러스 torus와는 다른 것이다. 그것은 다른 것이 가지지 않은 구멍을 가지고 있다. 들뢰즈와 가타리는 물질 matter과 형태 form가 분리된 것이 아니라는 방향으로 주의를 끌고 나갔다. 그리고 질료 materials는 이미 기하학보다는 위상학에 가까운 암시적 형태들과 근접한 특이성 singularities 혹은 개별성 haecceities을 지니고 있음에 집중했다. 그리고 특이성과 개별성은 변형 deformation의 과정으로 결합된다는 것에 주목했다. 예를 들어, 섬유조직체의 일정하지 않은 파동들 undulations과 비틀림 torsions, 그것은 수목 구조를 찢어 내는 작용으로 유도하는 것이다.(Deleuze and Guattari, 1980, 408)

여기에서 암시적인 형태들 implicit' forms에 주목해야 한다. 그것은 질료에 접혀 들어간 실제적인 형태들이다. 들뢰즈의 라이프니츠 Leibniz 연구는 「주름 Le Pli」 (1988, The Fold)이라는 이름으로 출간되었다. 이러한 종류의 주름 fold은 금속판의 종이접기와 같은 어떠한 글자 그대로의 주름잡기 folding라기 보다는 그의 훨씬 더 주관적인 문제이다. 주름 fold, pli은 함축하다 imply, 암시적인 implicit, 증가시키다 multiply, 복사하다 duplicate, 복제하다 replicate와 같은 어휘에서 작동하는 것이다. 그러한 어휘들은 모두 접기 '*folding*' 의 어휘들이다. 이러한 암시적인 존재 형식들이 현실화될 수 있다는 것은 분명하지 않다. 그러나 그 결과에 영향을 미친다. 목재의 예를 들면, 전통적인 기술자는 나뭇결의 효과들에 매우 익숙할 것이다. 그리고 그는 그것을 어떻게 유용하게 사용할지에 관하여 알 것이다. 그가 일반적으로 그러한 나뭇결의 효과를 표현하면서 작업을 하는 것은 아

프랑스 Côte d'Or 주의 지방 자치체 Epoisses에 있는 사다리. 시기 미정.

니라 하더라도, 혹은 그러한 표현을 찾고자 하는 것은 아니라 하더라도 마찬가지다.

그러한 사건이 발생할 때 실제의 사례들이 존재한다. 나뭇결을 따라서 켜진 한 조각의 목재는 나뭇결에 기하학적으로 직각으로 켠 다른 차원의 조각 보다는 더 강하다. 매우 강한 지팡이는 하늘을 향하여 늘어선 관목의 숲에서 훌륭하게 수직으로 성장한 나무를 발견함으로써 만들 수 있다. 그것을 길이에 맞게 자르고 그 나무를 이용하여 만드는 것이다. 비록 그것이 강하다 하더라도, 그것은 정교한 것으로 보이지는 않는다. 그리고 거친 소박함의 흔적을 보여줄 것이다. 바타이유 Bataille의 무정형성 formless이 갖는 그러한 낮은 상태의 함축들이다. 매우 정교한 도시적 지팡이는 매우 곧게 만들어 질 것이다. 비록 그것이 그만치 강하지는 않을지라도.

에포이세 Epoisses의 저택 chateau의 비둘기집 pigeonnier에는, 원통형의 거대한 공간의 벽에 마련된 모든 비둘기 둥지에 접근할 수 있는 놀라운 사다리가 있다. 사다리는 공간의 중심축을 따라 설치되어 있다. 그리고 그것은 원주의 어떠한 부분에도 닿을 수 있도록 회전하게 만들어졌다. 각 발판은 두 개의 목재 보에 의하여 위치 잡도록 되어 있는데 이 두 개의 보는 서로 정확이 맞게 설치되어 있다. 왜냐하면 각각의 구간들은 전체 목재 계단에서 분리될 수 있기 때문이다. 그리고 이러한 목재들은 놀랍도록 가늘게 만들어진 부분들이 하나의 부재로 움직이도록 결합되었다.(그림 참조) 그것이 만약 희생이라면, 희생은 바로 계단이 곧게 만들 수 없다는 것이다. 그것은 나무의 성장 방향, 나무의 결을 따라야만 한다. 그것은 아름답고 기술적으로 정교한 사물이다. 그것은 공학적으로 정교한 것이다. 그러나 사다리는 훌륭한 형태의 기하학적인 개념에는 부합하지 않는다. 그러므로 저택의 품위 있는 방들에는 그와 조금이라도 비슷한 것을 찾아볼 수 없는 것이다. 오직 여기는 비둘기만이 사는 곳이다. 그리고 사냥꾼만이 방문한다.

19세기 중반 이전에, 비올레 르 뒤크 Viollet-Le-Duc와 일단의 다른 건축가들은 재료가 스스로 가장 적합하게 만들어지도록 요구받은 형태에 관하여 이야기 할 수 있어야만 한다는 개념을 발전시켰다. 질료의 재질이 드러나야만 하는 때라면 언제나 그 특성은 무정형성에 수렴하는 더 근본적인 수준의 지층을 지니고 있다고 추론되어야 했다. 그것은 마치 기술자들은 그러한 질료들을 극복할 기술을 가지고 있지 못하고 그들은 단지 그러한 질료들을 기하학적 형태를 향한 불변하는 의지에 따라야만 하는 것으로 여겨졌다. 예를 들어, 나무꾼의 단순한 오두막에서 질료의 특성은 매우 명확하다. 그리고 듬직한 양들을 치는 양치기는 벌판에서 돌을 구해 쌓은 강화의 대상 intensification인 주거에서 살게 될 것이다. 마치 그 자신이 곡물과 가축으로부터 얻은 구성 요소의 강화 intensification로 살아왔다는 것과 마찬가지이다.

새로운 형태

건설업자가 대지로부터 작업을 시작하는 때부터, 건축가는 일반적으로 다른 층위에서 작업하기 시작한다. 이미 스튜디오에서 결정된 형태에 관하여 지시를 시작한다. 그래서 건설업자는 그 지시에 따라 그 형태를 실제화하기 위하여 작업할 수 있다. 그것에 실질적으로 불가능한 것은 거의 없다. 그러나 상업적인 운영의 측면에서는 다르다. 구체적 형태를 얻지 못한 재료들을 직접적으로 실험할 수 있는 상황은 거의 없기 때문에, 대부분의 건축적인 실무들은 현장에서 직접 그러한 불가능성들을 극복하기 위하여 노력해야만 한다. 그러나 그것은 건축가가 갈망하는 상태인 것이다. 그리고 근본적인 혁신이 가능해질 때, 분자적 수준에서 재료들의 미시정치적 수단들은 그것들을 실제 사용할 수 있는 수준에서 드러나는 우리가 지각 가능한 재료들의 속성으로 변용된다. 예를 들어 석회암과 점판암의 다른 분자적 구조는, 서로 다른 석재는 서로 다른 개성적인 형상을 만들어 낸다는 것을 의미한다. 그리고 우리는 그러한 특성적인 석재의 형상들이 우리들에게 벽체와 지붕을 만드는데 유용하게 사용될 수 있도록 방법을 발견해야 하는 것이다.

우리가 주어진 대지에서 무엇이 실질적으로 우리에게 유용한 것인가에 관심을 돌린다면, 그때에는 이 책의 독자들에게 건축 재료의 범위는 건설업자들의 공급자로부터 제공되는 사물들을 분명히 포함할 것이다. 표준 규격의 콘크리트 블록, 제재소에서 제작된 목재는 예상할 수 있는 일정한 크기로 재단된다. 철재 못, 나사 못, 또는 다른 결속 철물들, 많은 수의 판재, 평판 유리로부터 단열보드, 목재섬유보드 MDF(medium density fiberboard)등이 있다. 이러한 재료들은 건설업자가 일반적으로 작업할 것이라고 생각하는 것들이다. 이러한 재료가 갖는 형태들은 현장에서 채취한 석재와 숲에서 켠 나무판재와는 다른 것이다. 건축물 건설을 위한 일반적인 거래상의 계약 관계로 한 걸음씩 가까이 갈수록, 그 과정의 납품 시기와 결과물의 신뢰도는 가장 중요한 것이다. 그러므로 실험적인 사고는 고려사항에서 제외되는 경향이 짙다. 그리고 상식적인 수준에서 문제를 해결하고자 하고 예전에 경험한 바와 같은 동일한 결과를 생산하고자 하는 것이다. 만약 누군가가 혁신을 이루고자 한다면, 그는 이러한 경향들에 맞서 싸울 것이다. 일반적인 환경에서, 고정된 질료형상론 hylomorphism의 작업은 재료가 우리 손에 건네지기 이전에 이루어진 것을 제외하고는 거의 모든 과정에 지배적이다. 더욱이 재료의 수준에서 우리의 시간과 에너지를 그러한 개념에 저항하는데 투여하려는 결단은 사회적인 수준에서 합리적이고 효과적일 수 있는 무엇인가를 신속하고 효과적으로 생산하지 못하게 할 수 있다.

예를 들어, 파리에서 2006년 겨울에 생겨난 집이 없는 사람들을 위한 정치적으로 효과적인 피난처는 공업 생산된 텐트였다. 그것은 간단히 손으로 그려진 기호를 가지고 있었다. 사람들은 그 자신을 돈키호테 Don Quixote의 자식들이라고 불렀다. 길을 잘못 든 기사 knight, 돈키호테와 같은 방황 이후에, 그의 로맨틱한 자기기만 self-delusion과 절망은 아이러니하게도 집 없는 사람들에게 집을 제공하려는 희망을 가진 단체의 가망 없는 이상주의를 지적하는데 사용되었다.(그림 참조) 그것은 매우 엉성

텐트는 돈키호테의 아이들 Les enfants de Don Quichotte에 의하여 2006년 파리 Paris의 세인트 마틴 수로 the Canal Saint Martin를 따라서 제공되었다.

했으며 그 역효과는 이러한 목적을 위하여 거창하고 새로운 텐트를 디자인하겠다는데 시간과 노력을 소비하게 만들었다. 텐트 디자인은 어떤 식으로든 독창적이고 효과적으로 재료를 사용하도록 만들어졌다. 강철 스프링이 설치 장소에 사용되었다. 그리고 그것은 사람들을 보호할 피난처를 만들어내는 텐트의 직물에 의하여 팽팽하게 유지되었다.

그러므로 강철의 분자적 환경에서 정치적 책략이 진행되고 있었다. 그러한 정치적 수단은 텐트 캔버스의 분자 환경과 접촉하게 되었으며 그러한 강철과 캔버스의 분자적 환경은 서로 경쟁적인 관계를 유지하게 되었다. 그럼에도 불구하고 여전히 또 다른 것에 의하여 혼합되지 않고 방해받지 않은 채 남겨져 있다. 이 섬유 조직과 강철 사이에는 어떠한 화학적 반응도 일어나지 않았다. 텐트 내부 상황이 외부보다는 확실히 더 거주할 만한 것이었다. 텐트 내부의 환경은 섬유 조직의 속성들에 의하여 확립되었다. 그러한 섬유 조직은 공기와 수분의 교환을 통제한다. 그리고 그 내부는 거주자의 신체에 의하여 데워진다. 정치적인 환경 즉, 그러한 중요한 공공장소에서 인간 권리의 개념과 예절에 관한 개념은 지층이 서로 교차하는 곳에서 일어나는 강화 intensification이다. 그러한 의미에서 또 다른 중대한 개념들과 상호작용할 수 있고 사실 상호작용한다.

형태와 구조

관념 intention으로서의 형태는 잊도록 하자. 우리를 다양한 환경 내에서 분자적 수준의 이해, 삶, 작용들에 몰두하자. 환경 내에서 무엇인가를 제안하자. 환경은 우리가 인식할 수 있는 많은 문제들을 담고 있는 무수한 차원을 포함한다. 그리고 우리는 그들을 윤리적 수준의 지층에 투사함으로써 그 중요성을 가늠할 수 있다. 건축가는 건축이 독립적인 것이라고 주장하고 싶을 것이다. 그러나 그와 같은 주장을 하는 것은 단지 복수적 차원들에서의 어떠한 적합성을 부정하고자 하는 것이다. 만약 우리가 그러한 적합성에 관하여 이야기 하지 않는다 하더라도 여전히 복수적 지층들은 실재하는 것이다 건축물에 적합한 형태를 찾는 것은 그 자체로 형태를 발견하는 것과 동등한 것이다. 누군가는 그 한계를 고정시킬 것이다. 그것은 구조이다. 나는 무엇인가를 하고 싶은 사람이고 또 결코 그 무엇과는 다른 것은 하고 싶지 않은 종류의 사람이라고 결정한다. 그리고나서 종종 그것을 이루려는 순간, 나는 그러한 생각을 바꾸어야 한다는 것을 깨닫는다. 나는 내가 예전에 생각했던 바로 그 사람이 아닌 것이다. 그것은 다른 사람들에게도 얼마나 자주 일어나는 진실인지는 모르겠으나, 그러한 점에서 우리는 다소 적은 증거들에 근거한 추측을 해야만 한다. 우리는 소설 속의 등장인물들에 관하여 그들이 무엇을 하는가에 관하여 듣게 됨으로써 이해하게 된다. 그리고 종종 그들이 하고 있는 일들에 대하여 무엇을 생각하고 있는지를 듣게 됨으로써 더 많이 알게 된다. 그리고 나의 가장 절친한 친구와 함께 있을 때, 나는 나 혼자일수만은 없다. 그러나 많은 다양한 방식으로 나는 더 많이 보호받고 최근의 지식을 다루는데 더 많이 정형적일 수 있는 것이다.

건축물에는 나름의 방식에 상응하는 영역이 존재한다. 사적 공간에서는 분명히 비정형적인 작용들을 형성한다. 비록 매우 근접한 조사에 의하여, 그것이 문화적으로 구축된다는 것을 발견하게 될지라도 그 장소에 있어서 비정형성은 매우 분명한 것이다. 그러한 장소에는 어떠한 유니폼이 입혀진다. 그리고 무정형의 행위들은 부적합하고 미숙한 것으로 보인다. 그리고 누군가가 놀이하는 것을 금지한다. 시청의 회의실은 그 지역 전체의 커뮤니티를 위한 의미를 지닌 어떠한 행위들을 구조화할 것을 요구한다. 그것은 말하자면, 나의 집 주방의 지위보다는 더 높은 어떠한 상태를 상징화하는 방식을 발견해야만 한다는 것이다. 건축은 하나 혹은 여러 방식을 통하여 다양하게 보일 수 있는 행위들을 구조화는 방법을 찾음으로써 그 사회가 가치있다고 여기는 제도들을 기념비화하는 데 매우 능숙하다. 그러나 들뢰즈와 가타리의 생각은 삶의 비기념적 측면들을 진작시키고자 하는 것이다. 그들은 어떠한 불변성을 확립하기 보다는 유동성 fluidity과 창조성 creativity, 즉 생성 becoming을 더욱 선호한다. 그들의 사유는 그러한 불변성과 관계를 맺고자 선택한 건축가들에게는 도전일 것이다. 마치 그 휘발성은 전문가들이 형태에 관하여 전통적으로 가지고 있는 선입견들에 비추어보자면 서로 충돌하는 것이다. 들뢰즈와 가타리와 함께, 우리는 입방체적 오브제의 잘 정의된 형태를 버리고 비정형적인 요소들(longitude)과 효과들의 총체(latitude) 사이에 존재하는 관계의 층위로부터 출발하는 것이다. 그것은 어떠한 신체의 지도를 구축하기 위한 것이다. 여기에서 신체란 그것이 분명하든지 혹은 모호하든지, 모든 통합적 총체가 될 수 있다. 개념으로부터 시작하여 세계 전체가 될 수도 있으며 사람들, 건축물, 그들의 환경과 같은 신체들의 흐름들도 포함한다.

경도 longitudes와 위도 latitudes는 동시에 자연을 그리고 세계를 구성한다. 그것은 내재성의 수준 혹은 지속성의 수준이다. 그것은 언제나 변화무쌍하다. 그리고 개별적으로 전체적으로 지속적으로 변화하고 구성되고 재구성된다.(Deleuze, 1970, 127-8) 들뢰즈와 가타리가 제시하는 설명은 그러므로 실제 virtualities의 묘사이다. 그러한 실제는 획득될 수 있으며 실체화될 수 있고 구성되고 재구성될 수 있다. 그러므로 즉시 작용할 수 있는 어떠한 명령들의 총체를 제공한다기보다는, 그들의 프로그램은 우리가 알고 있는 모든 것을 만들지 않으려고 하는 것이다. 그래서 어떻게 그렇게 작은 질서들만으로 세계가 형체를 가지게 되고 해체되는가를 보여주고자 하는 것이다. 관념의 환경들 그리고 창조물의 환경들은 그러한 모든 총체들의 발명과 발전의 형세를 구체화한다. 마치 그것은 관념 ideas, 질료 materials, 정치적 수단들 politics의 환경이 건축물을 형성하고 우리를 담고 있으며 또 우리를 둘러싼 환경을 형성하는 것이다. 또 반대로 그러한 환경은 우리의 모습을 구체화한다. 내재성 immanence의 층위는 다양한 힘들이 작용하는 환경이다. 그리고 그 층위에서 작은 질서가 공명하는 때, 어떠한 신체가 생산된다. 그것은 어떠한 반복 refrain이며 개념 concept이다. 일단 생산된 신체는 환경의 부분이 된다. 그리고 다가올 미래에 영향을 미치는 것이다.

산을 바라보라. 원래 그것은 불이었다.

어떤 산에서, 처음의 여건들에서 작은 변화가 일어나거나 혹은 작용하는 힘들 사이의 균형의 변화는 매우 다른 결과들을 생산할 수 있다. 관념의 생태학, 우리의 거주지와 도시를 생산하는 자본의 흐름, 여기에서 유리의 고층건물로 번쩍이는 성체들을 생산하는 자본의 흐름, 그리고 신식민주의적인 도시 주변지역의 활성화는 그다지 비판하지 않고 받아들여질 수 있다. 그러나 그것은 표면적인 상황들이 더 포괄적 사태에 관한 직접적인 평가 없이, 더 큰 현상들로만 몰아가는 메커니즘에 의하여 생산된 것이라는 것을 이해하게 해준다. 이것은 바로 들뢰즈와 가타리가 우리에게 무엇이 진행되고 있는지에 관한 분석을 가능하게 하고자 보여주는 것이다. 나아가 더 광범위한 연관성을 지닌다는 것을 전혀 인식하지 못한 채 모든 것이 어떻게 연관되었는지를 보여줄 수 있는 장치를 제공하는 것이다. 그들이 제공하는 것은 그러한 수준의 논의이다. 어떠한 식으로든, 그러한 과정들이 이미 우리 주변의 모든 사실들에서 실제적인 징후들을 만들어 내고 있다. 그것은 우리가 생각하고 행동하는 모든 사실들을 포함한다. 예술가들이 우리가 이러한 과정의 리얼리티를 느끼도록 만들고자 어떠한 방법들을 고안한 것과 마찬가지로, 세잔 Cézanne이 그러한 정형화의 풍경화적 이야기를 완성한 것처럼, 어찌되었든 그것은 건축가들에게 또 다른 도전이다. '산을 바라보라. 원래 그것은 불이었다.' (Cezanne, quoted by Deleuze, 1985, 328, n. 59) 건축가가 건축물에서 무엇을 표현하고자 노력하든지 상관없이 건축물은 필연적으로 그 자신의 형체를 구체화하는 거대한 힘들의 표현이다. 그리고 그러한 건축물을 떠돌려 본다면, 그는 즉시 그 건축물이 지어진 때를 떠올릴 것이고, 아마도 왜 그렇게 지었는가를 이해할 것이며 건축물의 디자이너의 의도가 무엇이든지간에 이러한 사실들을 충분히 유추할 수 있을 것이다.

대지의 노래에 소리를 보태고자 목적할 수도 있을 것이다.
다른 가능성들이 어떻게 존재하는가를 혼돈 chaos 을 드러냄으로써
보여줄 수도 있을 것이다.

예를 들어, 세계화에 관련된 과정들은 개인적인 통제를 벗어날 것이다. 그러나 건축물을 생산하고 그 형태를 구체화하는데 중요한 영향을 미칠 것이다. 아마도 프로그램의 다른 측면들은 올바른 안내에만 따른다면, 표현 가능할 것이다. 누군가 대지의 노래에 소리를 보태고자 목적할 수도 있을 것이다. 다른 가능성들이 어떻게 존재하는가를 혼돈 chaos를 드러냄으로써 보여줄 수도 있을 것이다. 그리고 어떻게 건축물이 생성되었는가를 실제 virtualities의 혼돈 chaos으로부터 현실화할 수 있을 것이다. 위대한 기념비는 세계를 재구조화할 것이다. 그것은 그 혼돈 안에 유지되고 있는 작은 질서를 바탕으로 하는 것이다. 그러한 방식으로 건축물의 형태에 영향을 가함으로써 그리고 그러한 건축물과 접촉하게 되는 사람

들에 의하여 유도될 수 있는 삶의 유형에 영향을 미침으로써, 그들의 삶을 위한 뼈대를 형성함으로써, 혹은 뼈대의 부분을 형성함으로써 세계는 구조화된다. 하나의 건축물은 환경 내에서 형식화된다. 그리고 또한 건축물은 자신을 둘러싸고 자신의 내부에 존재하는 환경을 소유하게 된다. 그 곳에서 삶의 새로운 개념과 새로운 방식 구체화되는 것이다. 여기에서 정형적인 영토화는 들뢰즈와 가타리 본인들이 넘어서고 유동성을 부여하고 탈영토화하고자 노력한 바로 그것이다. 그러므로 그러한 과정은 어떠한 범위까지 발전되어짐으로써 혼돈 속으로 개방되는 것이다. 그리고 그곳에서 발견한 무엇을 스스로 받아들이게 되는 것이다. 그리고 습관과 상식으로 구조화된 세계의 외부로 발을 옮기게 되는 것이다. 그렇게 되면 우리는 무엇이 생성되는가를 확인하게 된다. 마치 주체 subject, 자기 자신 oneself은 자신이 그것을 인식하지 않을 때, 더 분명하고 편안한 자아 self인 것과 마찬가지로, 그리고 주사위 놀이를 하는 것처럼, 사물 object은 디자이너가 다양성에 흡수되어질 때, 그래서 그의 마음에 다른 것들이 자리잡을 때, 가장 훌륭한 형태를 얻게 되는 것이다.

. . . 혼돈 속으로 개방되는 것이다. 그리고 그곳에서 발견한 무엇을 스스로 받아들이게 되는 것이다. 그리고 습관과 상식으로 구조화된 세계의 외부로 발을 옮기게 되는 것이다. 그렇게 되면 우리는 무엇이 생성되는가를 확인하게 된다.

더 읽어야 할 책

다음에는 무엇을 읽어야 할까 ? 물론 들뢰즈와 가타리 본인들의 책을 읽어야 한다. 그들은 4권의 책을 공동작업했다. 그리고 더 많은 책들을 각자 집필했다. 이 책은 그러한 많은 사유 가운데 「*Capitalism and Schizophrenia*」, 「*What is Philosophy ?*」 두 권의 책에서 몇몇을 정리한 것이다. 다음의 참고 문헌은 완전하지는 않다. 그러나 여러분이 웹에서 찾아본다면, 아마 최신의 자료를 얻을 수 있을 것이다. 나는 특별히 어느 하나를 인용하지는 않았다. 그리고 웹 어드레스는 변화할 수 있다. 우선 몇 가지 도움이 될 만한 사실을 소개하자면, 들뢰즈와 가타리 둘에 관한 것이라기보다는 들뢰즈에 가깝다. 왜냐하면, 그 책들은 대부분 철학자들에 의하여 쓰여진 것이고 그러므로 들뢰즈의 사고에 더 관심을 가지고 있기 때문이다. 그들은 여러분들이 철학적인 기본 소양을 갖추고 있을 것이라고 전제한다. 그렇지 않다면 들뢰즈의 작업에서 생성된 철학적 문제의 해답에 관하여 관심을 가지고 있을 것이라고 전제한다. 내가 이야기하고자 하는 것은 이 책의 독자들은 건축적인 문제들에 관심을 가지고 있으며 철학적인 저작들 보다는 건축분야에 더 많은 기초 지식을 가지고 있을 것이라는 점이다.

누군가 낯설고 잘못 정의된 작업의 실체에 접근했을 때, 항상 그것을 충분히 이해하지 못하게 된다는 느낌을 가지게 된다. 이것은 분명히 들뢰즈와 가타리의 작업에서도 마찬가지다. 그들의 어떠한 저작부터 시작한다 하더라도 다를 바 없다. 그러나 들뢰즈와 가타리를 이해하는데 있어서 가져야할 어떠한 자극이 필요하다. 우리가 책으로부터 얻게 되는 것이 무엇이든지 간에 그것은 그들이 기록한 것은 아니라는 것이다. 요지는 바로 들뢰즈와 가타리의 사유들을 마음으로 상상하면서 출발하지 말라는 것이다. 오히려 우리의 일반적인 생각의 습관을 뒤틀어지게 하는 관념들에 접근해야 한다는 것이다. 그리고 들뢰즈와 가타리의 생각과 비슷하다고 생각하게 되는 사고들과 매우 다른 우리 자신의 사유들을 북돋고 생각해야만 하는 것이다. 내가 생각하기에 이러한 사실은 이미 건축가들이 의도해온 것이다. 독자들이 그 점에 동의하든 그렇지 않든지, 창조적인 오해 misunderstanding, 혹은 부정 misprision은 들뢰즈와 가타리의 세계에서는 올바른 행위이다. 아마도 들뢰즈와 가타리의 이름 아래 무엇인가를 한다는 것은 만족스럽지 못한 것이 될 것이다. 그들의 이름은 그들을 저버렸으며 그들을 존경스럽게 풀어헤쳐 정설로서 성문화된 지식의 소유자들이자 현인들로 변모시켜 놓았다. 물론 일반적으로 그러한 특징은 학문의 경향이며 이 책과 마찬가지로 책들이 가진 경향들이다. 이 책은 들뢰즈와 가타리의 세계로 들어가는 방법을 알려주기 위한 취지로 쓰여졌다. 정확히 말하자면 들뢰즈-가타리와 발렌타인 Ballantyne의 세계에 들어서는 방법이다. 이러한 세계는 다른 독자들에 의하여 생산된 세계와는 다른 것이며 다른 독자들은 들뢰즈와 가타리의 작품들의 다른 측면과 연관을 맺을 것이다.

더 읽어볼 책을 위한 첫 번째 선택은 아마도 들뢰즈와 가타리를 읽는 것이 되어야만 할 것이다. 만약 모든 소란들이 무엇인지를 이해하고자 한다면, 그리고 왜 그들의 저작들이 더 접근하기 용이하도록 주석들을 필요로 하는지에 대한 이유를 이해하고자 한다면 더욱 그렇다. 「*Capitalism and Schizophrenia*」의 두 권의 책은 가장 먼저 시작하기에 좋은 책이다. 그 책들은 조심스럽게 제시된 논의라기보다는 오히려 창조성을 위한 자극으로서 이해되기 때문이다. 여기에 매우 친밀한 논의가 있다. 그러나 철학적인 책에서 기대할 수 있는 그러한 방식으로 풀어져 있는 것이 아니다. 실질적인 논의는 종종 독해로서 얻어진다. 아마도 그들은 들뢰즈 혹은 가타리 둘 가운데 한사람에 의하여 혹은 다른 모든 사람들에 의하여, 내친김에 언급되는 모든 저작들의 저자들에 의하여, 다른 문맥에서 이해되기 때문이다. 그들의 방식은 전개의 과정에서 개념의 분명한 사례를 제시하는 것이다. 그리고 이러한 사례들은 종종 흥미로운 것이 된다. 이러한 방법의 부분들은 나 자신의 글에서도 추구되었다. 그것은 이러한 사례들 중 하나로부터 혹은 예증으로서 제시되는 개념의 하나로부터 시작하는 것이었다. 그리고 그것이 이끌어 가는 것을 확인하는 것이다. 그것은 들뢰즈와 가타리가 애써 씨름한 문제들이 파생된 환경으로 되돌아가서 나 자신의 경험에서 만들어진 연관들을 향하여 나아가는 것이다.

「*앙띠 오이디푸스* Anti-Oedipus」와 「*천개의 고원* A Thousand Plateaus」은 직접 맞부딪쳐 읽어보는 수밖에 없다. 그러나 그 책들은 짧은 접촉이나 빠른 통독을 통해서는 아무것도 얻지 못할 것이다. 읽고자 하면 곧 실패로 돌아갈 것이다. 그리고 때때로 자극을 연결시키고 생산하는 관념들이 존재할 것이다. 그것은 누군가가 그들의 노력이 그럴만한 가치가 있다는 것을 느끼도록 해줄 것이다. 어떤 사유들은 마음에 남을 것이다. 그리고 오래 동안 머물게 될 것이다. 비록 그것들이 첫 번에 그렇게 되지 않는다하더라도 곧 중요하게 여겨질 것이다. 그것은 지속적으로 되돌아오면서, 특별히 들뢰즈와 가타리의 언어들, 그들이 논의한 저작들과 관련된 것이 존재하는 모든 곳으로부터 시작되는 저작들을 읽고 난 후에, 그 관념들은 인터넷과 연관되어 있는 어떠한 장소들에 자리 잡게 될 것이다. 그것은 갑자기 일어나지는 않을 것이다.

「*앙띠 오이디푸스* Anti-Oedipus」와 「*천개의 고원* A Thousand Plateaus」에서 유추된 사유와 연관된 얼마간의 것들은 들뢰즈의 초기 저작들에서 더 상세하게 개진되어 있다. 「*차이와 반복* Difference and Repetition」(1968) 그리고 「*감각의 논리* The Logic of Sense」(1969) 가 그것이다. 그 책들은 매우 심도있게 연구되었으며 「*앙띠 오이디푸스* Anti-Oedipus」와 「*천개의 고원* A Thousand Plateaus」에 관한 즐거운 암시적 가치들은 없다. 그러므로 이러한 측면의 논의는 마리 Todd May의 「*질 들뢰즈의 소개* Gilles Deleuze : An Introduction」(2005)를 통하여 가장 잘 이해될 것이다. 이 책은 매우 분명한 목적을 가지고 있고 도판들이 삽입되어 있으며 '어떻게 삶을 살 것인가 ? 에 관한 질문으로부터 시작한다. 그것은 누군가에게는 건축가의 사유에서 더 널리 알려져야만 한다고 생각하는 문제이다. 듀 Reidar Due의 「*들뢰즈* Deleuze」(2007)는 또한 들뢰즈의 가타리의 공동작업에서 드러난 논의들의 일부를 이해할 수 있도록 돕기 위해서 쓰여졌다. 그리고 또한 클레어 콜부룩 Claire Colebrook의 들뢰즈 Deleuze에 관한 책들(2002, 2006)이 있다. 장-자끄 르세르클 Jean-Jacques Lecercle의 정신착란 délire에 관한 문학들의 연구인 「*거울을 통해서 본 철학* Philosophy Through the Looking Glass」(1985)은 들뢰즈와 가타리의 논의들을 포함하고 있다.

제시된 이 책들은 건축에 관한 것은 아니다. 그러나 들뢰즈와 가타리의 사유에 관한 일반적인 방향들을 가늠하는데 도움을 줄 것이다. 들뢰즈의 사후에 출판된 두 개의 책, 「*Desert Islands*」(2002) 그리고 「*Two Regimes of Madness*」(2003)에는 선택된 인터뷰와 에세이들이 마찬가지로 그의 생각을 이해하는데 도움을 준다. 이러한 글들은 그 책들이 출간되었을 때, 책들을 설명하고 선전하기 위하여 쓰여진 신문방송의 글들도 포함하고 있다. 그리고 그 책 자체보다는 성격상 전문적이지는 않다. 그러므로 들뢰즈 자신으로부터 이해하기 쉬운 소개를 이끌어내고 있다. 다른 에세이 모음집에서도 그보다는 좀 덜하겠지만, 비슷한 내용을 확인할 수 있다. 「*Negotiations*」(1990)과 「*Essays Critical and Clinical*」(1993)은 바로 그러한 책이다. 클레어 파넷 Claire Parnet의 「*Negotiations*」(1990)와 에세이 「*Critical and Clinical*」(1993)은 들뢰즈의 표면적으로 사유를 소개하고 개관하고 있다. 그러나 사실 첫 입문서로는 좀 난해하다. 특별히 건축적인 저작으로서 순수한 들뢰즈의 계보를 잇는 것은 캐쉬 Bernard Cache의 「*Earth Moves: The Furnishing of Territories*」(1995)이다. 캐쉬는 뱅센 Vincennes에서의 들뢰즈의 유명한 세미나에 참여하였다. 그리고 들뢰즈는 캐쉬의 단시의 출판되지 않았던 저작들에 관하여 언급하였다. 그는 그 책을 다음과 같이 평가하였다. '내가 보기에는, 지질학, 건축, 장식 예술에 의하여 영감을 받아, 이 책은 모든 주름 fold 이론에 필수적인 것으로 보인다.' (Deleuze, 1988, 144)

들뢰즈는 라이프니츠 Leibniz의 수학에도 관계한다. 미적분학은 변화의 비율을 다루는 것이다. 그것은 바로크 장식의 무한한 주름 infinite folds을 다룬다. 그리고 플랙탈 기하학의 무한한 회귀 infinite regress를 다루는 것이다. 주름의 다양한 관념들, 그 관념들 가운데 일부는 들뢰즈적인 것이고 다른 것은 그렇지 않다. 그러한 주름에 관한 개념들은 그렉 린 Greg Lynn에 의하여 「*Folding in Architecture*」(1993)에서 통합되었다. 린은 디지털 기술을 사용하여 건축 계획에서의 복잡한 형태적 창조의 진화를 유도하였다. (Lynn, 1998a, 1998b and 2006) 그리고 생성된 형태의 디지털 핸들링이 형태발생적 디자인 morphogenetic design이라는 이름으로 개발되었다.(Hensel, 2004 and 2006) 존 라이크만 John Rajchman의 「*Constructions*」(1998)와 「*The Deleuze Connections*」(2000)에서 선택된 에세이가 보여주는 접근은 건축에서의 문화적 배경으로 끌어올려진 들뢰즈의 개념들을 탐구하는 것이었다. 그러므로 비록 그러한 작업들이 매우 정교한 연구는 아니라 할지라도 건축적 세계에 경험을 가진 독자들에 의하여 지면을 통하여 철학저의 이름들을 마주하는 일에 어려움을 느끼지 않으면서 접근하기 용이한 것이었다. 건축에 관한 개별적인 에세이들은 와츠 타워스 Watts Towers에 관한 Paul André Harris의 글을 포함하여 언급할 가치가 있는 것이다.(Buchanan, 2005) 그리고 또한 함께 로스앤젤리스 Los Angeles에 위치한 보나벤쳐 호텔 Bonaventure Hotel에 관한 이안 부캐넌 Ian Buchanan의 글도 참고할 만하다. (in Buchanan, 2000, 143-69) 마지막으로 소개할 책은 나 자신의 「*Architecture Theory*」(2005, 272-300)이다. 여기에서 소개되는 책들은 「*Architecture Theory*」에서 발췌한 것이다. 물론 「*Architecture Theory*」 역시 더 읽어 보아야할 책이다. 왜냐하면 그 책은 이 책에서 제시한 관념들의 상당 부분을 함께 다루기 때문이다. 그리고 더 나아가 들뢰즈와 가타리 그리고 발렌타인의 세계를 개방하는 것이다. 그들의 사유 가운데 실험주의자적 측면은 그곳에서 미국적 실용주의자적 전통과 연결되고 건축과 연결된다.

마누엘 데란다 Manuel Delanda는 폭넓게 그리고 감탄할만큼 건축가에 흥미를 그는 사실들과 연관된 들뢰즈에 관하여 글을 남겼다. 그의 물리학에 관한 개념화작업 (2002)과 마찬가지로 건축 재료에 관한 내용을 담고 있었다. 그리고 어떻게 그러한 재료를 사용할 것인가에 대한 문제를 설명하고자 하였다. 그러한 직관적 통찰은 라이져 Reiser와 우메모토 Umemoto의 「*Atlas of Novel Tectonics*」(2006)에서 새로운 사유를 낳았다. 데란다의 「*A Thousand Years of Nonlinear History*」(1997)는 놀라운 역작으로서 들뢰즈와 가타리를 토대로 하고 있으며 인간적 경험의 스케일과는 궁극적으로 다른 스케일에서 이루어지는 이야기를 생산하는 들뢰즈와 가타리의 사유 양상을 흡수하고 있다. 그것은 지질학의 거대하고 지속적인 스케일로부터 유전자의 분자적 스케일에 이르는 광범위한 것이었다. 그의 프로젝트는 「*A New Philosophy of Society*」(2006)에서는 다른 수단들에 의하여 추구되었다. 가타리의 초기 작업들은 사회적, 임상병리학적, 정치적 관념들과 연관되어 있으며 그것은 「*Molecular Revolution*」(1984) 에 표현되어 있다. 그러나 건축가들은 그의 마지막 저작들인 「*The Three Ecologies*」(1989)과 「*Chaosmosis*」(1992)를 통하여 그를 더 쉽게 이해할 수 있을 것이다. 이 책들은 녹색 정치 green politics에서 그의 행동주의적 토대를 구성하는 사유를 펼쳐 놓은 것이었다. 들뢰즈와 가타리는 수많은 관념들과 문제들에 연관되어 있다. 그러므로 가능한 더 많은 참고 서적들을 나열하는 것은 엄청나게 많은 양으로 금새 불어날 것이며 이 책에 전부다 담을 수도 없을 곳이다. 그 책들은 여러 분야에 걸쳐 있으며 도처에 널려 있다. 관념이 서게 되는 때, 그러한 관념을 사용할 수도 있을 것이다. 그리고 그 관념은 여기저기를 마구 헤집고 나아가 예상하지 못하는 지점들에 다다를 것이다. 그러나 그 지점들은 결코 종착점이 되지는 않을 것이다.

주석

1. 누구인가?

1 들뢰즈의 손톱은 길었다. 그리고 미쉘 크레솔 Michel Cressole에 의하여 까다로운 비평의 주체로서 언급되었다. 'Letter to a Harsh Critic' (Deleuze,1995, 5.)를 확인하라.
2 빅터 델보스 Victor Delbos (1862-1916)는 스피노자 Spinoza에 관하여 두 권의 책을 썼다. 「*Le Probléme moral dans la philosophie de Spinoza et dans l'histoire du spinozisme*」(Paris: Alcan, 1893) 이 책은 들뢰즈가 델보스의 연구물 「*Le Spinozisme*」(Paris: Vrin, 1950)보다도 훨씬 더 중요한 책이라고 언급한 것이다.
3 이것은 모리스 나도 Maurice Nadeau가 맡은 인터뷰의 사본이다. 이 글은 가타리와 다른 참여자들의 기고문을 포함하고 이다. 원문은 1972년에 출간되었으며 그해는 「*Anti-Oedipus*」가 새로이 출간된 해이다. 기고문은 들뢰즈의 「*Desert Islands*」(Deleuze, 2002)에서 발췌되고 번역된 것이다. 그 제목은 뉴스의 헤드라인 이상이었다. '들뢰즈와 가타리 반격하다. Deleuze and Guattari Fight Back ...' 들뢰즈와 가타리의 작업 방식은 더욱 밀접한 것으로 판단된다. 그들의 주석달린 원고들은 가타리의 재산으로 남겨져 있는데 최근에 출간되었다.(Guattari, 2005).

2. 기계들

1 사뮤엘 버틀러 Samuel Butler의 모든 책들,「*The Book of the Machines*」을 포함하여 모두 읽어볼만 하다. (Ballantyne, 2005, 126-43.)
2 버틀러 본인은 프랑스어로 *bourdon*을 오늘날 고어체로 여겨지는 'humble bee' 라고 번역했다. 여기에서는 현대 언어인 'bumblebee'

로 바꾸었다. 프루스트 Proust에서 난초 orchid와 뒝벌 bourdon 사이에는 에로틱한 만남이 존재한다. 실은 bourdon은 장수말벌은 아니다. 그것은 Part 1, Sodom and Gomorragh에서 나온다. 그 곳에서 처음부터 끝까지 식물 수술과 그것을 문지르는 곤충들의 에로틱한 이미지를 사용한다. 그러나 들뢰즈는 프루스트에 관한 그의 책(1964)에서 그 점에 관하여 사유하지는 않았다. 들뢰즈와 가타리의 1994년 저작에서 '뒝벌과 금어초의 결혼 the marriage of bumblebee and snapdragon' 라는 제목을 확인할 필요가 있다. 편집자의 에세이는 「*Anti-Oedipus*」의 내용들을 소개하는데 '장수말벌과 난초의 만남 Encounter Between a Wasp and an Orchid' 이라고 붙여진 제목이 붙어있다. 그 내용은 들뢰즈와 가타리를 이러한 논의의 주인공으로 바꾸어 놓았다.(Stephane Nadaud, in Guattari, 2005).

3 찰리 카우프만 Charlie Kaufman이 각본을 쓰고 스파이크 존즈 Spike Jonze가 감독한 영화, 「*Adaptation*」(2002)은 할리우드에서 적응하는 것을 그린 문자 그대로 사실을 적은 책 「*The Orchid Thief*」(Orlean,1998)의 정교한 허구적 스토리이다.

4 서양의 곡물 농경과 동양의 원예 농업에 있어서 차이는 씨를 뿌리는 것에 있다. 씨를 뿌리는 것과 가지를 심는 것이다. 그리고 가축을 기르는 것에도 대조적이다. (Haudricourt 1962 and 1964) 옥수수와 쌀은 예외적이다. 그것은 곡류로서 괴경(塊莖) 농업의 정착민의 최근에 적응한 방식이다. 그러나 비슷한 방식으로 재배된다. 벼농사는 최초에 뿌리작물을 위하여 도랑을 판 곳에 잡초와 같이 생겨났을 것이라고 여겨진다.[Deleuze and Guattari's note, 1980, 520]

5 틀림없이, 그 개념은 이미 「*Anti-Oedipus*」에서 제시되었을 것이다. 그러나 들뢰즈와 가타리가 그러한 이름으로 책을 출간했을 때, 그것은 1976년까지 리좀 the rhizome으로 이해되었다. 그리고 「*A Thousand Plateaus*」의 전반부 도입 장에서 다시 연구되었다.

6 제시된 날짜는 「*A Thousand Plateaus*」의 한 장(章)의 제목으로 제시될

만큼 중요한 것이다. A Thousand Plateaus, 'November 28, 1947: How Do You make Yourself a Body Without Organs?' (Deleuze and Guattari, 1980, 149). 아르또의 '기관 없는 신체 body without organs' 는 들뢰즈의 작업에서 그가 가타리와 책을 출간하기 전부터 나타났다.(1969, 88).

7 아담 Peter Adam에 의하여 인용된 그레이 Eileen Gray(Adam, 2000, 309).

3. 주거

1 그레고리 베이트슨 Gregory Bateson (1949)의 'Bali: the Value System of a Steady State' 는 「*Architecture Theory*」(Ballantyne, 2005, 74-87)에 수록되어 있다. 베이트슨은 들뢰즈와 가타리에 의하여 인용되었다. (1980, 158)

2 스케노포이에테스 덴티로스트리스 Scenopoetes dentirostris의 행동은 들뢰즈와 가타리가 Marshall (1954)과 Gilliard (1969)를 참조한 것이다. 동일한 언급이 들뢰즈와 가타리의 작업에서 발견된다.(1980, 315) 그것은 Thorpe (1956)를 참조한 것이다.

3 들뢰즈는 그의 에세이 「*Périclés et Verdi*」(1988a)에서 음악과 정치학 사이에 연결을 시도하였다. 페리클레스 Pericles는 그리스의 통치자로서 고전시대의 아크로폴리스 Acropolis를 재건축하였다. 그리고 베르디 Verdi는 위대한 오페라 작곡가이다.

4 슈레겔 Schlegel과 괴테는 자주 표현주의로 여겨진다. 그것은 분명히 반복되고 있다.(Pascha, 2004).

5 Nietzsche (1888) *The Case of Wagner*. [Deleuze의 각주].

6 Detienne (1989) pp. 51-2.을 확인할 것. [Deleuze의 각주].

7 영원회귀 eternal return를 고려하자면, 짜라투스투라 Zarathustra는 그 자신의 동물들에게 물었다. '너희는 이미 이와 같은 삶의 노래를 만들지 않았느냐 ?' (Nietzsche (1883) third part 'The Convalescent' , 330.)

[Deleuze의 footnote].

8 'The Seven Seals' (Nietzsche (1883) 340-3)에서 또 다른 선율들을 확인할 것. [Deleuze의 각주]

9 On the question of 'sanctuary', that is, of God's territory, see Jeanmaire (1970) 193. 'One encounters him everywhere, yet he is nowhere at home. ... He insinuates himself more than he imposes himself.' [Deleuze's footnote].

10 유진 듀프리 Eugéne Duprée는 불확실성 precariousness과 연관된 지속성 consistency, 강화 consolidation, 차이 interval, 삽입 intercalation 등을 정교하게 구체화하였다. 듀프리 Dupree(1933, 1939, 1961)와 듀프리에 관한 바슐라르 Bachelard의 「*La dialectique de la duree*」를 확인할 것. [Deleuze와 Guattari의 각주]

11 Woolf (1980) vol. 3, 209. [Brian Massumi의 각주].

4. 파사드와 랜드스케이프

1 들뢰즈와 가타리에 의하여 프랑스 원본 「*Mille Plateaux*」의 212페이지에 인용된 문장을 직접 번역한 것이다. 이 내용은 두 출간된 번역본으로 알려져 있다. (Chretien, 1181-90a, 432-3) 그리고 (Chretien, 1181-90b, 88-89)이다. 브라이언 마수미 Brian Massumi의 번역은 후자를 번역한 것이다.

2 윅스퀼 Jakob von Uexküll의 작업은 들뢰즈와 가타리 그리고 하이데거 Heidegger (1929-30)와 메를로 퐁티 Merleau Ponty (1995)에 의하여 인용되었다.

5. 도시와 환경

1 이러한 모든 시각에서 견지할 때, François Châtelet은 도시와 국가의 고전적인 인식을 의문시하고 아테네의 도시가 국가의 변형과 동일할

수 있다는 것에 의구심을 품었다. *'La Gréce classique, la Raison, l'Etat'* (in Rosa,1978) 이슬람 문화는 11 세기 초에 시작된 이태리, 독일, 플랑드르의 국가들이 직면한 문제와 비슷한 문제에 직면했다. 이러한 경우에서 정치적인 힘은 국가 형태 State-form를 함의하지 않는다. 한자동맹 Hanseatic 도시들의 커뮤니티가 그 예이다. 그 도시들은 행정적인 기능, 군사. 심지어 법률적인 제도가 부족했다. 도시는 항상 도시들의 네트워크 내에서만 존재했다. 그러나 정확하게 '도시들의 네트워크 the network of towns' 는 항상 국가들의 그림지도 mosaic of States와 일치하는 것은 아니었다. 이러한 관점들에 대하여 Fourquet과 Murard을 참고할 것.(1976, 79-106) [들뢰즈와 가타리의 각주, 1980 565-6].

2 들뢰즈와 가타리는 자신들의 논의에서 개념적인 기계와 일상의 기계를 구분한다. 이 책에서는 기계와 기계장치로 구분하였다. 유기체적으로 작동하고 작용하는 그리고 효과를 만들어내는 힘을 드러내는 모든 것을 기계 machine, machinique로 부른다. 그리고 유기체를 둘러싼 비유기체적 물질세계의 파생적인 힘들과 관계를 드러내는 실체 즉, 관습적으로 부르는 기계들은 바로 기계장치 mechanic, mécanique이다. [역자 주]

3 그레고리 베이트슨 Gregory Bateson을 확인할 것.(출처 : Ballantyne, 2005, 35-7, 71-2, 109-10.)

4 이 문장은 다이안 기라도 Diane Ghirardo의 *'The Architecture of Deceit'* (Ballantyne, 2002, 63-71)에서 논의되었다. 그리고 존슨 Johnson에 의하여 논의되었다.(2001, 36-8)

참고문헌

Adam, Peter (2000) *Eileen Gray: Architect/Designer*, New York: Abrams 1987, revised 2000.

Arnold, Dana and Ballantyne, Andrew (2004) *Architecture as Experience: Radical Change in Spatial Practice*, London: Routledge.

Artaud, Antonin (1947) *Pour en finir avec le jugement de dieu*, translated by Helen Weaver (1988) 'To Have Done with the Judgement of God', in Antonin Artaud, *Selected Writings*, edited by Susan Sontag, New York: Farrar, Strauss & Giroux.

Bachelard, Gaston (1950) *La dialectique de la durée*, Paris: Presses Universitaires de France.

Ballantyne, Andrew (1997) *Architecture, Landscape and Liberty: Richard Payne Knight and the Picturesque*, Cambridge: Cambridge University Press.

—— (2002) *What is Architecture?*, London: Routledge.

—— (2005) *Architecture Theory*, London: Continuum.

Bataille, Georges (1931) *L'Anus solaire*, illustrated by André Masson, Paris: André Simon; text in (1970) *Oeuvres complétes*, vol. 1, Paris: Gallimard.

—— (1949) *La Part maudite: essai d'économie générale*, 3 vols, Paris: Editions de Minuit; translated by R. Hurley (1988,1991) *The Accursed Share*, 2 vols (the title of vol. 2 is *The Accursed Share: Volumes 2 and 3)* New York: Zone Books.

Bell, Vikki (1999) *Performativity and Belonging*, London: Sage.

Berendt, John (1994) *Midnight in the Garden of Good and Evil: a Savannah Story*, New York: Random House.

Buchanan, Ian (2000) *Deleuzism: A Metacommentary*, Edinburgh:

Edinburgh University Press.

—— (2005) 'Space in the Age of Non-Place', in Buchanan and Lambert (2005) 16-35.

Buchanan, Ian and Lambert, Gregg (2005) *Deleuze and Space*, Edinburgh: Edinburgh University Press.

Büchner, Georg (1839) *Lenz*, Frankfurt: Deutscher Klassiker Verlag [1999]; translated by Richard Sieburth (2004) *Lenz*, New Yok: Archipelago Books.

—— (1993) translated by John Reddick, *Complete Plays*, Lenz *and Other* Writings, Harmondsworth: Penguin.

Butler, Samuel (1872) *Erewhon*, London.

Byron, [George Gordon] Lord (1812-18) *Childe Harold's Pilgrimage*, London: John Murray.

Cache, Bernard (1995) translated by Anne Boyman, *Earth Moves: The Furnishing of Territories*, Cambridge, MA: MIT Press; French edition (1997) *Terre meuble*, Orleans: Editions HYX.

Camazine, Scott, *et al.* (2001) *Self-Organization in Biological Systems*, edited by Scott Camazine, Jean-Louis Deneubourg, Nigel R. Franks, James Sneyd, Guy Theraulaz, Eric Bonabeau, Princeton, NJ: Princeton University Press.

Canetti, Elias (1973) translated by Carol Stewart, *Crowds and Power*, Harmondsworth: Penguin.

Chipperfield, David (1994) *Theoretical Practice*, London: Artemis. Chrétien de Troyes (1181-90a) *Perceval (Le Conte du Graal)* translated by William W. Kibler (2004) 'The Story of the Grail (Perceval)' in *Arthurian Romances*, Harmondsworth: Penguin.

—— (1181-90b) *Perceval (Le Conte du Graal)* translated by Robert White Linker (1952) *The Story of the Grail*, Chapel Hill, NC: University of North

Carolina Press.

Clare, John (1819) 'The Woodman', in (1984) *John Clare: A Critical Edition of the Major Works*, edited by Eric Robinson and David Powell, Oxford: Oxford University Press.

Colebrook, Claire (2002) *Gilles Deleuze*, London: Routledge

—— (2006) *Deleuze: A Guide for the Perplexed*, London: Continuum.

Cressole, Michel (1973) *Deleuze*, Paris: Editions Universitaires.

Dawkins, Richard (1976) *The Selfish Gene*, Oxford: Oxford University Press.

Delanda [or De Landa], Manuel (1991) *War in the Age of Intellligent Machines*, New York: Zone Books.

—— (1997) *A Thousand Years of Nonlinear History*, New York: Zone Books.

—— (2002) *Intensive Science and Virtual Philosophy*, London: Continuum.

—— (2005) 'Space: Extensive and Intensive, Actual and Virtual', in Buchanan and Lambert (2005) 80-8.

—— (2006) *A New Philosophy of Society: Assemblage Theory and sociela complexity*, London: Continuum.

Delbos, Victor (1893) *Le Probléme moral dans la philosophie de Spinoza et dans l'histoire du spinozisme*, Paris: Alcan.

—— (1950) *Le Spinozisme*, Paris: Vrin.

Deleuze, Gilles (1953) *Empirisme et subjectivité: essai sur la nature humaine selon Hume*, Paris: Presses Universitaires de France; translated by Constantin V. Boundas (1991) *Empiricism and Subjectivity: An Essay on Hume's Theory of Human Nature*, New York: Columbia University Press.

—— (1962) *Nietzsche et philosophie*, Paris: Presses Universitaires de France; translated by Hugh Tomlinson (1983) *Nietzsche and Philosophy*, London: Athlone.

—— (1963) *La Philosophie critique de Kant: doctrine des facultés*, Paris:

Presses Universitaires de France; translated by Hugh Tomlinson and Barbara Habberjam (1984) *Kant's Critical Philosophy: The Doctrine of the Faculties*, Minneapolis, MN: Minnesota University Press.

—— (1965) *Nietzsche*, Paris: Presses Universitaires de France.

—— (1966) *Bergsonisme*, Paris: Presses Universitaires de France; translated by Hugh Tomlinson and Barbara Habberjam (1988) *Bergsonism*, New York: Zone Books.

—— (1968) *Différence et répétition*, Paris: Presses Universitaires de France; translated by Paul Patton (1994) *Difference and Repetition*, London: Athlone.

—— (1968) *Spinoza et le probléme d'expression*, Paris: Les Editions de Minuit; translated by Martin Jouchin (1990) *Expressionism in Philosophy: Spinoza*, New York: Zone Books.

—— (1969) *Logique du sens*, Paris: Editions du Minuit; translated by Mark Lester and Charles Stivale (1990) *Logic of Sense*, edited by Constantin V Boundas, New York: Columbia University Press.

—— (1970) *Spinoza: Philosophie pratique*, Paris: Presses Universitaires de France; revised and expanded (1981) Paris: Les Edition de Minuit; translated by Robert Hurley (1988) *Spinoza: Practical Philosophy*, San Francisco, CA: City Lights.

—— (1983) *Cinéma 1: L'Image-mouvement*, Paris: Les Editions de Minuit; translated by Hugh Tomlinson and Barbara Habberjam (1986) *Cinema 1: The Movement-Image*, London: Athlone.

—— (1985) *Cinéma 2: L'Image-temps*, Paris: Les Editions de Minuit; translated by Hugh Tomlinson and Robert Galeta (1989) *Cinema 2: The Time-Image*, London: Athlone.

—— (1988a) *Périclés and Verdi: la philosophie de François-Châteler*, Paris, Minuit.

—— (1988b) *Le Pli: Leibniz et le baroque*, Paris: Les Editions de Minuit; translated by Tom Conley (1993) *The Fold: Leibniz and the Baroque*, London: Athlone.

—— (1990) *Pourparlers*, Paris: Les Editions de Minuit; translated by Martin Jouchin (1995) *Negotiations*, New York: Columbia University Press.

—— (1993) *Critique et clinique*, Paris: Les Editions de Minuit; translated by Martin Jouchin (1997) *Essays Critical and Clinical*, Minneapolis, MN: Minnesota University Press.

—— (2002) *Iles désertes*, edited by David Lapoujade, Paris: Editions de Minuit; translated by Michael Taormina (2004) Desert Islands, New York: Semiotext(e).

—— (2003) *Deux régimes de fous*, edited by David Lapoujade, Paris: Editions de Minuit; translated by Ames Hodges and Michael Taormina (2006) *Two Regimes of Madness*, New York: Semiotext(e).

Deleuze, Gilles and Guattari, Félix (1972) *Capitalisme et schizophrenie 1: L'Anti-Oedipe*, Paris: Editions du Minuit; translated by Robert Hurley, Mark Seem and Helen R. Lane (1977) *Capitalism and Schizophrenia 1: Anti-Oedipus*, New York: Viking.

—— (1975) *Kafka: Pour une litérature mineure*, Paris: Editions du Minuit; translated by Dana Polan (1986) *Kafka: Toward a Minor Literature*, Minneapolis, MN: Minnesota University Press.

—— (1976) *Rhizome*, Paris: Editions du Minuit.

—— (1980) *Capitalisme et schizophrénie 2: Mille plateaux*; translated by Brian Massumi (1987) *Capitalism and Schizophrenia 2: A Thousand Plateaus*, Minneapolis, MN: Minnesota University Press.

—— (1991) *Qu'est-ce que la philosophie?*, Paris: Editions du Minuit; translated by Graham Burchell and Hugh Tomlinson (1994) *What is Philosophy?*, New York: Columbia University Press.

Deleuze, Gilles and Parnet, Claire (1977) *Dialogues*, Paris, Flammarion; translated by Hugh Tomlinson and Barbara Habberjam (1987) *Dialogues*, London: Athlone; reissued with supplementary material (2002) *Dialogues II*, London: Continuum.

Detienne, Marcel (1989) translated by Arthur Goldhammer (1989) *Dionysus at* Large, Cambridge, MA: Harvard University Press.

Diogenes of Sinope (c. 340 BC) translated by Guy Davenport (1979) *Herakeitos and Diogenes*, San Francisco, CA: Grey Fox.

Drexler, K. Eric (1986) *Engines of Creation: The Coming Era of Nanotechnology*, New Ydrk: Randon House..

Due, Reidar (2007) *Deleuze*, London: Polity.

Dupréel, Eugène (1933) *Théorie de la consolidation: La cause et l'intervalle*, Brussels: M. Lamertin.

—— (1939) Esquisse d'une philosophie des valeurs, Paris: Alcan.

—— (1961) *La consistence et la probabilite objective*, Brussels: Académie Royale de Belgique.

Engels, Friedrich (1845) *Die Lagen der arbeitenden Klasse in England*, Leipzig, translated by Florence Wischnewetsky, *The Condition of the Working Classes in England in 1844*, reprint 1973, Moscow: Progress.

Feher, Michel (1989) *Zone: Fragments for a History of the Human Body*, edited by Michel Feher, 3 vols (numbered 3, 4 and 5), Cambridge, MA: MIT Press.

Fitton, R.S. (1989) *The Arkwrights: Spinners of Fortune*, Manchester: Manchester University Press.

Foucault, Michel (1970) *'Theatrum Philosophicum'*, in *Critique* 282, 885-908, Paris; translated by Sherry Simon (1977) *'Theatrum Philosophicum'*, in *Language, Counter-Memory Practice*, edited by Donald F. Bouchard, Ithaca: Cornell University Press.

Fourquet, François and Murard, Lion (1976) *Les équipements de pouvoir: ville, territories et équipements collectifs*, Paris: 10/18.

Freud, Sigmund (1911) 'Psychoanalytische Bemerkungen Über Einen Autobiographisch Beschiebenen Fall Von Paranoia *(Dementia Paranoides)*' Jb. psychoanalyt. Psychopath. Forsch., 3 (1) 9-68; translated by James Strachey and Angela Richards (1955) 'Psycho-Analytic Notes upon an Autobiographical Account of a Case of Paranoia *(Dementia Paranoides)* (Schreber)', in Sigmund Freud (1991), *Case Studies 2* (vol. 9 of *The Penguin Freud Library*) Harmondsworth: Penguin.

Fuller, Buckminster (1963) *Operating Manual for Spaceship Earth*, New York: E.R. Dutton.

Genosko, Gary (2002) *Félix Guattari: An Aberrant Introduction*, London: Continuum.

—— (2006) 'Busted: Félix Guattari and the *Grande Encyclopedie des Homosexualités*' in *Rhizomes*, 11/12, Fall 2005/Spring 2006.

Gilliard, E.T. (1969) *Birds of Paradise and Bower Birds*, London: Weidenfeld.

Goodman, Nelson (1978) *Ways of Worldmaking*, Hassocks: Harvester Press.

Guattari, Félix (1979) *L'Inconscient machnique: essays de schizo-analyse*, Clamecy: Editions Recherches.

—— (1984) translated by Rosemary Sheed, *Molecular Revolution: Psychiatry and Politics*, edited by Ann Scott, Harmondsworth: Penguin.

—— (1989) *Les troìs écoldgies*, Paris: Galilée, translated by Ian Pindar and Paul Sutton (2000) *The Three Ecologies*, London: Athlone.

—— (1992) *Chaosmose*, Paris: Galilée, translated by Paul Bains and Julian Pefamis (1995) *Chaosmosis: An Eco-Aesthetic Paradigm*, Sydney: Power Publications.

—— (1996a) translated by David L. Sweet and Chet Wiener, *Soft Subversions*, edited by Sylvère Lotringer, New York: Semiotext(e).

—— (1996b) *The Guattari Reader*, edited by Gary Genosko, Oxford: Blackwell.

—— (2002) *'La Philosophie est essentielle à l'existence humaine': entretien avec Antoine Spire*, Paris: L'Aube.

—— (2005) *Ecrits pour l'Anti-Oedipe*, edited by Stéphane Nadaud, Paris: Léo Scheer; translated by Kélina Gotman (2006) *The Anti-Oedipus Papers*, New York: Semiotext(e).

Harris, Paul André (2005) 'To See with the Mind and Think Through the Eye: Deleuze, Folding Architecture, and Simon Rodia's Watts Towers', in Buchanan and Lambert (2005) 36-60.

Haudricourt, André (1962) 'Domestication des animaux, culture des planter et traitement d'aurtui', in *L'Homme*, vol. 2, no. 1 (January - April 1964) 40-50.

—— (1964) 'Nature et culture dans la civilisation de l'igname: l'origine des cloues et des dans, *L'Homme*, vol. 4, no. 2 (January - April 1964) 93-104.

Heidegger, Martin (1929-30) [1983] *Die Grundbegriffe der Metaphysik. Welt - Endlichkeit - Einsamkeit*, Frankfurt: Vittorio Klostermann; translated by William McNeill and Nicholas Walker (1995) The *Fundamental Concepts of Metaphysics: World, Finitude, Solitude*, Bloomington, IN: Indiana University Press.

Hensel, Michael (2004) *Emergence: Morphogenetic Design Strategies*, edited by Michael Hensel, Achim Menges and Michael Weinstock, London: Wiley-Academy.

—— (2006) *Techniques and Technologies in Morphogenetic Design*, edited by Michael Hensel, Achim Menges and Michael Weinstock, London: Wiley-Academy.

Hofstadter, Douglas R. (1979) *Gödel, Escher, Bach: An Eternal Golden Braid*, New York: Basic Books.

Holland, Eugene W. (1999) *Deleuze and Guattari's* Anti-Oedipus: *Introduction to Schizoanalysis*, London: Routledge.

Horrobin, David (2001) *The Madness of Adam and Eve: How Schizophrenia Shaped Humanity*, London: Transworld.

Hume, David (1739)A *Treatise of Human Nature*, Edinburgh; edited by L.A. Selby-Bigge and P.H. Nidditch (1978) Oxford: Clarendon Press.

—— (1751) *An Enquiry Concerning Human Understanding*, Edinburgh; edited by L.A. Selby-Bigge and P.H. Nidditch along with *An Enquiry Concerning the Principles of Morals and A Dialogue* (1975) Oxford: Clarendon Press.

—— (1779) *Dialogues Concerning Natural Religion*, London.

—— (1777) *Essays and Treatises on Several Subjects*, 2 vol., London: T. Cadell

Jaeglé, Claude (2005) *Portrait oratoire de Gilles Deleuze aux yeux jaunes*, Paris: Presses Universitaires de France.

James, Henry (1909) 'Preface', in *The Wings of the Dove* (first published 1902) New York: Scribner.

Jeanmaire, Henri (1970) *Dionysus, histoire du culte de Bacchus*, Paris: Payot. Johnson, Steven (2001) *Emergence: The Connected Lives of Ants, Brains, Cities and Software*, New York: Scribner.

Kaufmann, Eleanor (2001) *The Delirium of Praise: Bataille, Blanchot, Deleuze, Foucault, Klossowski*, Baltimore, MD: Johns Hopkins University Press.

Khalfa, Jean (2003) *An Introduction to the Philosophy of Gilles Deleuze*, London: Continuum.

Lavin, Sylvia (1992) *Quatremère de Quincy and the Invention of a Modern*

Language of Architecture, Cambridge, MA: MIT.

Lecercle, Jean-Jacques (1985) *Philosophy Through the Looking Glass: Language, Nonsense, Desire*, La Salle, IL: Open Court.

Le Corbusier (1923) *Vers une architecture*, Paris: Crès; translated by Frederick Etchells (1987) *Towards a New Architecture*, London, Architectural Press.

Leroi-Gourhan, André (1945) *Milieu et techniques*, Paris: Albin Michel.

—— (1964) *Le Geste et la parole*, Paris: Albin Michel; translated by Anna Bostock Berger (1993) *Gesture and Speech*, Cambridge, MA: MIT Press.

Lestel, Dominique (2001) *Les Origines animales de la culture*, Paris: Flammarion

Loughlin, Gerard (2003) *Alien Sex: The Body and Desire in Cinema and Theology*, Oxford: Blackwell.

Lowry, Malcolm (1933) *Ultramarine*, Philadelphia, PA: Lippincott [1962].

Lynn, Greg (1993) *Folding in Architecture*, London: Academy. Revised edition 2004.

—— (1998a) *Folds, Bodies and Blobs*, Brussels: La Lettre Volee.

—— (1998b) *Animate Form*, Princeton, NJ: Princeton Architectural Press.

—— (2006) *Predator*, Seoul: DAMDI Publishing.

Malamud, Bernard (1966) *The Fixer*, New York: Farrar, Strauss & Giroux.

Marks, John (1998) *Deleuze: Vitalism and Multiplicity*, London: Pluto.

Marshall, Alan John (1954) *Bower Birds*, Oxford: Clarendon Press.

Marx, Karl and Engels, Friedrich (1848) *Manifest der Kommunistischen Partei*, London: Bildungsgesellschaft für Arbeiter; translated by Samuel Moore (1888) *The Communist Manifesto*, reprinted Harmondsworth: Penguin, 1967.

Marx, Karl (1867-94) *Das Kapital: Kritik der politischen Ökonomie*, Hamburg: Meissner, translated by Ben Fowkes (1976) *Capital: A*

Critique of Political Economy, Harmondsworth: Penguin, 3 vols.

Massumi, Brian (1992) *A User's Guide to Capitalism and Schizophrenia*, Cambridge, MA: MIT Press.

—— (2002) *Parables for the Virtual: Movement, Affect, Sensation*, Durham, NC: Duke University Press.

May, Todd (2001) *Our Practices, Our Selves, or: What it Means to be Human*, University Park, PA: Penn State Press.

—— (2005) *Gilles Deleuze: An Introduction*, Cambridge: Cambridge University Press.

Melville, Herman (1851) *Moby-Dick, or: The Whale*, New York: Harper & Brothers.

Merleau-Ponty, Maurice (1995) *La Nature: Notes cours du Collège de France*, edited by D. Seglard, Paris: Seuil; translated by R. Vallier (2003) *Nature: Course Notes from the Collège de France*, Evanston, IL: Northwest University Press.

Minsky, Marvin (1985) *The Society of Mind*, New York: Simon & Schuster.

—— (2006) *The Emotion Machine: Commonsense Thinking, Artificial Intelligence, and the Future of the Human Mind*, New York: Simon & Schuster.

Nietzsche, Friedrich (1878) *Menschliches Allzumenschliches*; translated by R.J. Hollingdale (1986) *Human, A'll.TooHuman*, Cambridge: Cambridge University Press.

—— (1883) *Also sprach Zarathustra:ein Buch für Alle und Keinen*, translated by Walter Kaufmann (1954) *Thus Spoke Zarathustra: a Book for All and None*, in *The Portable Nietzsche*, New York: Viking.

—— (1886) *Jenseits von Gut und Böse - Vorspiel einer Philosophie der Zukunft*; translated by R.J. Hollingdale (1973) *Beyond Good and Evil: Prelude to a Philosophy of the Future*, Harmondsworth: Penguin.

—— (1887) *Zur Genealogie der Moral - Eine Streitschrift;* translated by Walter Kaufmann and R.J. Hollingdale (1967) *The Genealogy of Morals: A Polemic*, New York: Random House.

—— (1888) translated by Walter Kaufmann (1967) 'The Case of Wagner', in *The Birth of Tragedy and The Case of Wagner*, New York: Vintage.

Oberlin, Johann Friedrich (1778) translated by Richard Sieburth (2004) 'Mr. L L. .', in Buchner (1839) 81-127.

Orlean, Susan (1998) *The Orchid Thief*, New York: Random House.

Pascha, Khaled Saleh (2004) *'Gefrorene Musik': Das Verhältnis von Architektur und Musik in der ästhetischen Theorie*, Berlin: unpublished PhD thesis.

Parr, Adrian (2005) *The Deleuze Dictionary*, edited by Adrian Parr, Edinburgh: Edinburgh University Press.

Protevi, John (2001) *Polticial Physics: Deleuze, Derrida and the Body Politic*, London: Athlone.

Proust, Marcel (1913-27) *A la recherche de temps perdu*, Paris, Grasset; translated by S. Moncrief, A. Mayor and T. Kilmartin, revised by D.J. Enright (1992) *In Search of Lost Time*, 6 vols, London: Chatto & Windus.

Rajchman, John (1998) Constructions, Cambridge, MA: MIT Press.

—— (2000) *The Deleuze Connections*, Cambridge, MA: MIT Press.

Reiser, Jesse and Umemoto, Nanako (2006) *Atlas of Novel Tectonics*, Princeton, NJ: Princeton University Press.

Riesman, David (1950) *The Lonely Crowd* (revised edition 1961) New Haven, CT: Yale University Press.

Rosa, Alberto Asor, Chatelet, François, Dadoun, Roger, Delacampagne, Christian, *et al.* (1978) *En marge. L'Occident et ses 'autres'*, Paris: Aubier Montaigne.

Ruskin, John (1862) 'Ad Valorem', in *Unto This Last: Four Essays on the First*

Principles of Political Economy, London; collected in (1985) *Unto This Last and Other Writings*, edited by Clive Wilmer, Harmondsworth: Penguin.

Rykwert, Joseph (1996) *The Dancing Column*, Cambridge, MA: MIT Press.

Sasso, Robert and Villani, Arnaud (2003) *Le vocabulaire de Gilles Deleuze*, Paris: Centre de Recherches d'Histoire des Idées.

Schrader, Paul (1972) *Transcendental Style in Film: Ozu, Bresson, Dreyer*, Berkeley, CA: University of California Press.

Schreber, Daniel Paul (1903) *Denkwürdigkeiten eines Nervenkranken, Leipzig;* translated by I. Macalpine and T.A. Hunter (1955) *Memoirs of my Nervous Illness*, London.

Richard Sieburth (2004) 'Translator's Afterword', in *Büchner* (1839) 165-197.

Simondon, Gilbert (1958) *Du mode d'existence des objets techniques*, Paris: Aubier.

—— (1964) *L'Individu et sa genése physico-biologique*, Paris: Presses Universitaires de France.

Smith, Adam (1776) *An Inquiry into the Nature and Causes of the Wealth of Nations*, Edinburgh.

Spinoza, Baruch (1677a) *Tractatus Theologico-Politicus*, Amsterdam; translated by Edwin Curley (1985) 'Theological-Political Treatise', *in The Collected Works of Spinoza*, vol. 1, Princeton, NJ: Princeton University Press.

—— (1677b) *Ethica ordine geometrico demonstrata*, Amsterdam; translated by Samuel Shirley (1992) *Ethics; Treatise on the Emendation of the Intellect; Selected Letters*, Indianapolis, IN: Hackett.

Thorpe, W.H. (1956) *Learning and Instinct in Animals*, London: Methuen.

Uexküll, Jakob von (1934) *Streifzüge durch die Umwellen von Tieren und Menschen*, Hamburg: Rowohlt; translated by Philippe Muller (1965)

Mondes animaux et monde humain, and *Théorie de la signification*, Paris: Gonthier.

Winckelmann, Johann Joachim (1755) *Gedanken über die Nachahmung der greichischen Werke in der Mahlerey and Bildauer-Kunst*, Dresden; translated by Henry Fuseli (1765) *Reflections on the Painting and Sculpture of the Greeks with Instructions for the Connoisseur, and an Essay on Grace in Works of Art*, London.

Wood, David (2004) 'Territoriality and Identity at RAF Menwith Hill' in *Architectures: Modernism and After*, edited by Andrew Balllantyne, 142-62, Oxford:Blackwell.

Virginia Woolf, *The Diary of Virginia Woolf*, edited by Anne Olivier Bell assisted by Andrew McNeillie, 6 vols (London: The Hogarth Press, 1980) vol. 3: 1925-1930.

Zourabichvili, François (2004) *Le vocabulaire de Deleuze*, Paris: Ellipses.

찾아보기

역자 소개

장정제

숙명여자대학교 환경디자인과 조교수. 홍익대학교 건축학과 및 동대학원 박사 졸업 . 다수의 저서와 논문을 발표. 건축언어의 의미와 연관에 관한 연구 대한건축학회논문집(200508)외 10여편을 발표하였고 자유로운 건축 개념의구조로서의 건축(시공문화사. 2007)외 10여권의 책을 저술하였다.

송규만

1969년 출생. 홍익대학교 건축대학 교수. 홍익대 건축학과/도시공학과를 졸업하고 미국 펜실베니아대학교(Univ. of Pennsylvania)에서 건축학 석사, 하버드대학교(Harvard Univ.) 건축대학원(GSD)에서 디지털디자인과 프로젝트 매니지먼트 분야의 석사와 박사를 했다. Harvard Center for Design Informatics, Fuji-Xerox Palo AltoLaboratory, General Dynamics C4 Systems에서 연구원으로 재직하였으며, 현재 홍익대학교 건축대학건축학과 교수로 재직 중이다.

건축가를 위한 들뢰즈와 가타리

Andrew Ballantyne 저 / 장정제 · 송규만 옮김

1쇄 2010년 3월 10일 발행

2쇄 2011년 4월 20일 발행

3쇄 2016년 12월 5일 발행

발행인 김기현

발행처 시공문화사 ***Spacetime***

등 록 1993년 3월 12일

주 소 서울시 서대문구 현저동 200 극동빌딩 5층

전 화 02) 3147-1212, 2323

전 송 02) 3147-2626

ISBN 978-89-5592-147-2

http://www.spacetime.co.kr

spacetime@korea.com

정가 9,800원